U0025361

天下·文化
BELIEVE IN READING

台灣參與史上第一張
黑洞照片的故事

黑洞捕手

格陵蘭望遠鏡計畫負責人
事件視界望遠鏡科學團隊成員

陳明堂

著

本書獻給相伴我大半輩子的牽手，
錦雪。

淘氣的孩兒們
守著黑沉沉的洞口
屏息等待
為捕捉傳說中
一抹逃逸的光芒

──《黑洞捕手》

目次
CONTENTS

推薦序
看見亙古未見的光

李遠哲

　　《黑洞捕手》是一本非常精采的故事書，是陳明堂先生人生的歷險記。他以生動而流利的文筆，描述他成長、學習與探究的過程。陳明堂先生參加並共同帶領的國際天文團隊，在 2019 年成功捕捉到 M87 的「黑洞陰影」，確實是人類科學史上的一個壯舉。這像甜甜圈的影像，所展現的是很久很久以前，在非常遙遠的地方發生的事。那時放出的光芒，以光速傳送，經過 5,500 萬年才抵達地球。5,500 萬年前的地球上，我們的祖先還是在人猿共祖的時代，既沒有學會兩腳走路，更沒有學會製造工具。但在這漫長的歲月裡，人類誕生了，也不斷的進步。當微弱的電磁波抵達地球時，我們學會架設非常複雜的天文望遠鏡，觀測到在遙遠的地方，很早以前發生的事。

　　1993 年，中央研究院成立了「天文與天文物理研究所」的籌備處。是年年底，遠哲接受邀請，決定於 1994 年的元月，回國擔任中央研究院的院長。有一天在柏克萊加州大學，遠哲的辦公室來了一群訪客，他們是中研院天文所的籌備處主任李太楓、諮詢委員會的召集人徐遐生，與一群包括袁旂、魯國鏞、賀曾樸等諮詢委員們。我們討論了天文所將來的發展，他們擔心龐大經

費的爭取，我卻高興天文所起跑的計畫，是在科學的最前沿。他們有出色的領導與諮詢委員們，只要有足夠的經費與一群年輕，富有探求心的優秀團隊，定會有光明的未來。遠哲替天文所爭取經費，算是小事，但賀曾樸說服陳明堂回國參加天文望遠鏡的研發與創設，以及他在世界各地建立國際合作團隊，卻是大事。

　　陳明堂見證了過去二十六年來，中研院天文所從籌備處發展為舉世聞名的天文研究所。從這本書中可看到，他做出的重大貢獻，確實不易。這本書不但易讀，也易懂。更重要的是，會讓你在閱讀的樂趣中學到很多事。值得鄭重推薦，好好欣賞。

2020 年 3 月 26 日

推薦序
在世界盡頭遠眺黑洞的美麗剪影

孫維新

　　黑洞，常出現在科幻小說和報章雜誌中，對一般人而言，黑洞既古怪又神祕，好像是一隻隱藏在宇宙黑暗角落的巨獸，偶爾會探出頭來，吞噬不小心走得太近的恆星。

　　但對天文工作者來說，黑洞早就已經是一種平常的天體，只是因為它的重力場太強，把自身內部的時空扭曲得太厲害，所以連光線都跑不出來，離得遠遠的人只知道夜空某處有個看不見的「緻密天體」，個子雖小、重力場卻強，沒有東西能出得來，這就好像1756年英法爭奪印度半島殖民利益的時候，法國人在孟加拉設置一間極小的監獄，關押英國人犯，稱做「加爾各答黑洞」，因為進去的人都沒再出來！這個惡名昭彰的歷史事件卻讓天文學家得到靈感，從此以後這種天體就以「黑洞」為名。

　　我在加州大學洛杉磯分校（UCLA）念研究所的時候，博士論文研究的是「類星體」，這種天體看起來像是正常恆星，但其實是遙遠星系核心的巨大黑洞，正在大口吞吃周遭物質，使得核心異常明亮，遠看就像顆恆星。

　　當物質落向黑洞的時候，會在它周遭形成一個旋轉的圓盤，稱做「吸積盤」，愈接近黑洞的地方溫度愈高亮度愈強。這個理

論模型當時已成主流，但是從來沒有人真正看到過遙遠星系的明亮核心到底是不是這麼回事。

　　我還記得有回和指導教授在加州大學天文台做觀測，晚飯吃完教授擲叉而嘆，說半輩子研究類星體中央的「黑洞吸積盤」，只希望有天能搭上太空船，飛到星系核心近旁去看上個幾秒鐘，弄清楚自己做的研究是對是錯，就於願已足！我心裡想著要去你去，那地方高能輻射太強，知命者不立於巖牆之下，我可不想參加這種「朝聞道，夕死可矣」的極限觀光團！沒想到時隔三十年，事件視界望遠鏡（EHT）計畫的一群天文學家，還真的讓我們看到了遙遠星系中央的實況畫面，而他們並不用離開地球！

　　2019 年 4 月 10 日，連台灣一起，國際上總共有六個地方，在台灣時間晚上九點鐘舉行聯合記者會，發布了人類有史以來第一次直接觀測星系核心「黑洞吸積盤」的圖像！這個在 2017 年的觀測，經過了兩年的數據處理，終於驗證了百年前愛老廣義相對論的預測，這個發現是如此的震撼人心，注定會成為本世紀中數一數二的科學成果！而台灣有幸廁身於發現者團隊之中，讓我們同感光榮！

　　M87 橢圓星系雖然離我們有 5,500 萬光年之遙，但它核心黑洞的質量可不容小覷，推估應該高達 65 億個太陽質量！但為何要看到這個聽來巨大的黑洞如此之難？就因為黑洞質量雖大，但是密度極高，所以體積很小，就像是在學校操場中央擺上一顆塗黑了的小乒乓球，周遭有個巨大圓盤環繞，圓盤上鑲了一萬顆一百瓦的電燈泡，當這些電燈泡同時點亮，您覺得我們可以從遠

方看到中央那個「小黑球」嗎？

　　唯一的辦法，就是大幅度的提高觀測的解析率，直取核心，看向星系中央，希望周邊明亮的吸積盤，能襯托出中央那個全黑的小球來！而提升解析率的方法，就是聯合世界各地的無線電波望遠鏡對 M87 作同步觀測，等同於創造一個直徑將近地球大小的大型碟面來！

　　這是 EHT 計畫的最初想定，但要建立這樣巨大的聯合系統，必須要有好些科學家和工程師上山下海，去拓寬地球視野，解析星系中心！台灣團隊從計畫初期就加入了這個合作之中，在儀器的製作和調校測試上，有極為關鍵的良好表現，團隊中的靈魂人物之一，就是陳明堂博士！

　　1990 年代初，陳博士在中研院天文所重新設所的草創時期，就加入了天文所的儀器團隊，後來因緣際會，在賀曾樸院士的帶領下，成為次毫米波觀測設備的主要建造和組裝測試工程師，從夏威夷的次毫米波陣列（SMA），到智利的阿爾瑪陣列（ALMA），再到北極圈裡的格陵蘭望遠鏡（GLT），陳博士無役不與，從風光明媚的夏威夷，到世界盡頭天寒地凍的北極圈，陳博士科學探險之路跌宕起伏，扣人心弦，而今他能在公餘之暇將這些精采過程寫成《黑洞捕手》一書，對喜愛天文醉心宇宙的讀者而言，確是一大福音！

　　在書中陳博士從他街頭小子狂放少年的日子談起，成長過程中花了不少時間研究撞球的物理現象，直到大學才真正開始認識科學，走上了後來工程師的旅人生涯！整本書雖然講得是他的成

長經驗，但同時也敘述了中研院天文所的發展歷程，和世界上電波天文學的尖端進展，內容豐富，逸趣橫生，讀來不忍釋手。

在此要恭喜陳博士明堂兄，除了科學家和工程師的身分之外，中年華麗轉身，又成了幽默善感的文青作家！希望格陵蘭望遠鏡能早日投身聯合觀測，為台灣在世界科學的舞台上再添異彩，也希望陳博士能持續寫作，以精采的科學探索激勵有志天文的年輕一代，讓更多人走入自然、望向宇宙！

2020 年 3 月 12 日

2019 年 4 月 10 日，
史上第一張黑洞照片曝光。
距離完成宇宙之謎的大拼圖，
又邁進大大的一步。

作者序
榮耀下的遺憾

陳明堂

　　2019 年 4 月 10 日，大批新聞媒體湧進中央研究院活動中心，準備見證一件世界科學大事。就在這一天晚上，中央研究院與全球的科學家共同發布人類史上第一張「超大質量黑洞陰影」的影像，這場世界同步發表會的焦點，就是後來被通稱為「黑洞影像」的圖片。

　　發表會當下，中央研究院院長廖俊智說：「這張人類史上第一張超大質量黑洞的影像，是科學上一個空前的成就。」這消息一公布，總統蔡英文立刻在直播線上振奮留言：「人類首次！」隨後又再度留言：「全人類的一大步，很高興台灣參與在其中！」

　　這張照片是由一個長達數年、橫跨國際的大計畫——「事件視界望遠鏡」（EHT）所拍攝。EHT 使用了世界上所有能夠運作的「次毫米波」觀測站，模擬出一座跟地球直徑一樣大的望遠鏡，專門用來研究宇宙中像黑洞這樣的緻密物體。目前 EHT 有超過兩百位來自世界各地的科學家，過去幾年來的心血結晶就是這張「黑暗中的光環」。

　　「黑暗中的光環」看似簡單，其實有三層意義。首先，它是「黑洞是否存在」的第一個直接視覺證據。其二，它確認了愛因

斯坦百年前廣義相對論的預言。其三，這個突破性的成果是台灣的學界與工業界，結合世界一流科學團隊的成果。如果人類的知識是一幅巨大的拼圖，那麼這張黑洞影像，就是遺失百年的重要圖塊。如今，台灣與世界聯手，一起填補了拼圖中的關鍵空白。

中央研究院天文及天文物理研究所（簡稱「中研院天文所」）參與了 2017 年的 EHT 觀測活動，經歷資料處理、分析、成像，再經由嚴謹的科學論證，終於在 2019 年，與 EHT 的成員一同提出黑洞存在的第一個視覺證據。

2017 年參與 EHT 的八座望遠鏡中，台灣參與建造或是運作的一共有三座，再加上貢獻運作經費與觀測人力，讓台灣團隊占有顯著的地位。這也是為什麼總共十三席的 EHT 董事成員，台灣中研院就占了兩席。

台灣的天文研究規模跟科技大國比起來，算是相對小型。但自中研院天文所創所時，即以相對年輕的電波天文學做為主要研究方向，無論是星球的形成、宇宙論、甚至黑洞天體，都有非常重要的科學題目可以讓學者一展身手。

中研院天文所從吳大猷院長任內創立籌備處，在過去近三十年來受到幾位深具遠見的主事者的支持與鼓勵，例如李遠哲院長任內決定發展「次毫米波陣列」†和支持「宇宙背景輻射陣列」、

---

† 2000 年，美國《科學》期刊專文介紹中研院在李遠哲院長帶領下的成就，特別選出分子生物研究所和天文所在李院長任內的發展。其中，天文所的指標計畫即是發展次毫米波陣列。Dennis Normile, "Lee's special status fuels academy's rising reputation," Science, Vol. 288, pp. 1164-1166, 2000 May 19.

翁啟惠院長任內加入「阿爾瑪計畫」，乃至廖俊智院長，無不深耕易耨，注入珍貴的研究資源。另外，國家中山科學研究院在天文所創所初期，即成為儀器發展的重要夥伴，與天文所各任所長一同努力，在天文領域播種。而且，台灣有著強大的工業（半導體與電子業）能力基礎，能從事科學儀器的創新，讓中研院天文所可以參與世界上最尖端的天文儀器建造，置身於天文研究的最前端。

　　靠著這些前輩對台灣基礎科學的支持，還有許多非常優秀的科學家、工程師們的奮鬥，中研院天文所不但在台灣搭起一座世界性的科研舞台，也讓台灣以及世界各地，具有天分的年輕學子們能發揮所長，為人類知識做出最佳貢獻。正是因為前人闢出一片沃土，台灣研究黑洞的團隊才有機會，在這個晚上開出迷人的花朵。

　　不過，在熱鬧非凡的氣氛中，我其實帶有一絲遺憾。近十年來我們團隊一手主導的格陵蘭望遠鏡以參與 EHT 觀測、擷取首張黑洞影像為目標，終於在 2018 年加入 EHT。可是首張黑洞影像的資料來自 2017 年的數據，並不包含格陵蘭望遠鏡的觀測資料。終究，我們還是慢了一步。

　　事實上，格陵蘭望遠鏡加入 EHT 的資料正在處理中。我們團隊期待格陵蘭望遠鏡的加入，能夠透露出隱藏在陰影下的細節，能讓天文學們破解出黑洞陰影下的祕密。如此的結果將會大大的提升台灣天文學家在黑洞研究的地位，讓台灣獨特的貢獻受到世人的重視。

　　雖然格陵蘭望遠鏡沒趕上第一張黑洞影像的列車，但是我們團隊的工作顯現出，台灣的學界與工業界可以站在世界科學研究的第一線，與一流的科學團隊共同主導研究方向，這樣的成就仍值得自豪。我自覺非常的幸運，能夠在工作生涯中，找到一群志同道合的夥伴，參與了一段台灣非凡的創新年代，心中只有感激。

　　在 1995 年，我從本行凝態物理轉進天文研究的領域，開始參與台灣的天文儀器發展，見識到天文所創所先輩們從零開始的序幕，他們招兵買馬、訪賢任能，組織起一群優秀的國際團隊，到世界各地開疆闢土。隨後，我自己也成為舞台上的眾多演員之一，經歷台灣在國際之間合縱連橫，爭取最佳位置的故事。

　　在這些故事裡，我們的足跡從亞熱帶的台灣、到熱帶夏威夷火山的熔岩管（lava tube），然後穿越到智利安第斯山的鹽水湖，再跨越到北極因紐特人的冰原、鑽進格陵蘭的冰河。以往火裡來、冰裡去的歷練，讓我們在捕捉黑洞影像的任務中，扮演關鍵角色，更完成了格陵蘭望遠鏡這項被人稱為瘋狂的計畫。

　　在這段漫長的時空道路裡，一群由各國人士組成的科學工程團隊，因緣際會，聚集在這塊土地上，為台灣的科學界建立堅固的天文研究根基。我親身經歷過這段科學開創的驚奇旅程，深深的被這些前輩和同伴們所感動。為了讓這群為台灣科學舞台做出卓越貢獻的人物，能夠留下一點歷史的足跡，我僭越動筆寫下故事中一些個人的經歷與感想，還望這些前輩和同伴們不要見怪。

　　我寫這本書時，是以一般大眾為目標，一方面告訴台灣社

會，我們很感謝各位支持台灣的科學研究，另一方面也想鼓勵那些對基礎科學研究有興趣的人，你們的耕耘總有一天會化為養分，帶動社會的進步。

　　書中的主要內容來自過去幾年我在台灣各處的科普講稿，當中參雜了許多我個人的主觀回憶與不太連貫的筆記紀錄；此外，為了提高年輕學子，或是不熟悉科學的讀者們的興趣，我在敘述上刻意避免使用艱深的科學和工程專業術語，不免使得一些科學現象的描述過於簡化，或是無意中有所偏頗。如果有爬梳不順或錯誤的地方，那實在是我個人的專業限制與學養不足，希望讀者們能不吝賜教，讓我有機會再次學習，進一步去除我個人認知的死角。

　　如果讀者對本書所講的一些有趣概念意猶未盡，那就是主動求知的時候了，這是現代人必須具備的能力。讓我們一同追求知識，拓展人類的智慧版圖，總有一天我們能從浩瀚的星空當中，找出萬物運行的真理。

2020 年 3 月 8 日

關於黑洞攝影，你可能想知道……

在加入《黑洞捕手》這場宇宙大冒險之前，你可能會對黑洞攝影這個
主題有許多疑問。這個篇章，可以滿足你的好奇。

Q1. 為什麼這次黑洞照片曝光，各界這麼轟動？黑洞不是早就被證實了嗎？我還看過很多照片呢！

A. 很多人模擬出黑洞的照片和動畫，讓許多人認為「黑洞的存在不是理所當然嗎？」。然而，雖然有許多間接證據（比如重力波）讓科學家普遍認為黑洞存在，但直到 2019 年的 4 月 10 日，才出現了第一個證實黑洞存在的視覺證據。

Q2. 如果說，黑洞會把光吸進去，那黑洞照片中怎麼會有光環？

A. 黑洞照片中的一圈光環，並不是黑洞，而是黑洞周遭物質發出的電波。

黑洞是質量極大的天體，光線靠近黑洞就會被吸進去，也因此黑洞本身不發出任何的光線。不過，我們觀測的是黑洞鄰近的區域，四周的氣體因為受黑洞吸引，繞著黑洞打轉；氣體愈靠近黑洞，運動速度加快。氣體之間互相撞擊、摩擦，會產生高熱放出能量。這些釋放出來的能量，一部分會被黑洞吸收，但也有一部分得以逃脫黑洞的引力。跑出來的能量中包含有電波的成分，天文學家可以觀測到逃逸出來的電波，得知黑洞的形狀結構。

Q3. 這麼多黑洞，要選哪一個來觀察？

A. 宇宙裡到處都有黑洞。但是那些從地球上看到的黑洞目標，必須夠大，而且不能離我們太遠。南天的人馬座 A*，以及北天的 M87* 是現在可觀察的兩個目標。

Q4. 為什麼新聞都說，你們建造了「地球一樣大」的望遠鏡？

A. 如果要觀察愈遠的事物，就需要愈大孔徑的望遠鏡。我們這次拍攝到的黑洞 M87*，距離地球 5,500 萬光年，根據推算，需要直徑 8,000 公里的望遠鏡，才能看清楚這個黑洞的模樣。

口徑 8,000 公里的望遠鏡！怎麼可能建造呢！

其實，不用真的蓋這麼大的望遠鏡。科學家使用「特長基線干涉技術」，讓世界各地的望遠鏡同時觀測黑洞，並把各自觀測的數據加以整理，就可以達到跟建造「地球一樣大」的望遠鏡相同效果了。

Q5. 為什麼望遠鏡可以看到很遠的東西？

A. 人眼想要看清楚一樣事物，有兩個必要條件：光要夠強、光進入眼睛的角度要大。

比方說，你眼前有一個甜甜圈，就很容易看清楚甜甜圈的模樣。如果把燈關了，就會看不到。這就是光的必要。

再來，把甜甜圈移得離你愈來愈遠，你會發現它愈來愈小，小到變成一個點，再也無法辨識中間的洞洞了。甜甜圈兩端反射出來的光進入眼睛時，彼此的夾角稱為「視角」。當某個事物太遠，就會導致視角太小，人眼就無法辨識該物體。

望遠鏡靠著凹凸透鏡的組合，達到放大、聚光功能，來加強上述兩個條件，讓人眼可以辨識遠方的物體。

Q6. 為什麼需要這麼多種望遠鏡來觀察宇宙？

A. 宇宙中物質會放出各式各樣的電磁波，例如可見光（人眼可見的紅橙黃綠藍靛紫）、紫外線、紅外線、X 光……。

宇宙中的電磁波很容易被地球的大氣層吸收、散射；再加上人類眼睛非常局限，能看見的只有波段很窄的可見光。所以，人類若是只靠著可見光來判斷宇宙長什麼模樣，就太瞎子摸象了。

有兩個做法可以改善上述情況。第一，不要只靠可見光望遠鏡，多採用不同類型望遠鏡來獲取宇宙各種類型的訊號。第二，想辦法讓把望遠鏡發射到大氣層之外，避免大氣層干擾，以接收更清楚的訊號。

先來討論第一個方法。除了最常見的可見光望遠鏡之外，還有多種不同波段的望遠鏡可以觀察宇宙（如右圖）。科學家發現，工作波段介於紅外線與微波之間的「次毫米波望遠鏡」，最擅長觀測星際氣體、恆星演化，是黑洞觀測的最佳利器，也是這次黑洞攝影的最大功臣。

只是，毫米波、次毫米波這類的波，很容易被大氣中的水氣吸收，所以這樣的望遠鏡，就必須建造在乾燥與高海拔的地方。像是智利北部的阿爾瑪陣列，就是蓋在海拔 5,000 公尺高的阿塔卡瑪沙漠中。

第二點，就是想辦法發射望遠鏡到外太空，這樣就可以避免大氣層干擾。像是哈伯望遠鏡就是在太空中工作的望遠鏡。

波長短

伽馬射線望遠鏡
中子星、銀河系碰撞

X 光望遠鏡
爆炸的恆星、中子星與
黑洞、銀河系碰撞

大氣層

波長長

各種類型的望遠鏡

海拔高

紅外線望遠鏡
星際塵埃、星系結構

紫外線望遠鏡
星際物質、熾熱星體

次毫米波望遠鏡
星際氣體、星際塵埃、恆星演化

可見光望遠鏡
觀測行星、星雲、
星系結構

無線電波望遠鏡
觀測行星、星際磁場、
星系結構

海拔低

※ 示意圖，未按照真實比例

EHT 望遠鏡分布圖

格陵蘭望遠鏡
地點：格陵蘭
加入 EHT：2018 年
台灣：主導建造與運轉

赫茲望遠鏡
地點：美國
加入 EHT：2017 年

麥斯威爾望遠鏡
地點：夏威夷
加入 EHT：2017 年
台灣：參與運轉

基特峰望遠鏡
地點：美國
加入 EHT：2020 年

次毫米波陣列望遠鏡
地點：夏威夷
加入 EHT：2017 年
台灣：參與建造、運轉

大型毫米波望遠鏡
地點：墨西哥
加入 EHT：2017 年

阿爾瑪陣列
地點：智利
加入 EHT：2017 年
台灣：參與建造

阿塔卡瑪探路者實驗
地點：智利
加入 EHT：2017 年

南極望遠鏡
地點：南極
加入 EHT：2017 年

諾艾瑪陣列
地點：法國
加入 EHT：2020 年

伊朗姆 30 米望遠鏡
地點：西班牙
加入 EHT：2017 年

Q7. 事件視界望遠鏡是什麼？

A. EHT（Event Horizon Telescope）是「事件視界望遠鏡」，指的是一個國際天文計畫，目的在獲得史上第一張黑洞照片。「事件視界」指的就是黑洞的邊界。

2012 年，來自世界的天文學家開會並成立「事件視界望遠鏡」計畫，號召全球的電波望遠鏡，連線拍攝黑洞照片。截至 2020 年 3 月，加入 EHT 的望遠鏡共有 11 座。台灣參與其中 4 座的製作、運轉。（圖中有台灣圖示者）

但是 2019 年 4 月曝光的黑洞照片，是根據 2017 年底的觀測數據洗出來的照片。當時，只有 8 座望遠鏡加入 EHT 並參與拍攝。

這些分散在各地的望遠鏡，合作之後就等於超大口徑的望遠鏡。圖中望遠鏡之間的白色弧線，代表的是基線。基線愈多，代表可觀測的資料量就愈大，拍攝出來的照片就會愈清晰。

泥巴巷的侷促，遮擋不住我嚮往更浩瀚的天空。
照片右方為劃過星空的英仙座流星，攝於夏威夷。

1

CHAPTER

浩瀚星空

人類與生俱來的好奇心與不安全感，促使我們不斷追尋真相；這讓我想起童年時，既興奮又害怕的去墓仔埔大冒險。好奇和不安全感是一體兩面，大概也是我拓展知識的最大動力。

我是中央研究院黑洞研究團隊的創始人之一；截至 2019 年，全世界參與事件視界望遠鏡拍攝黑洞的望遠鏡總共有九台，其中四台是我帶著台灣團隊參與建造或是運轉。

自求學階段開始，我沒想過自己會走上科學研究這條路，更別說天文學了。不過，打從小我就是個喜歡拿著手電筒到處探索的小孩，這股好奇的天性，竟然讓我有機會在未來參與了一場科學的大發現。

雖然籍貫是澎湖，實際上我是台南土生土長的小孩。1968 年，我四歲的時候，我家從市區的外公家搬到城市南邊的邊陲地帶，那個地區散布著幾個眷村和公家宿舍，我家就位在一個稅捐處宿舍和偌大公墓區之間的一條泥巷子。

沿著我家泥巷子往裡走，就是台南的南山公墓。一塚一塚大小不一的墳墓，參差不齊的座落在兩旁的斜坡上。站在高處一眼望

事件視界望遠鏡

黑洞的引力極高，會在周遭形成連光線都無法逃脫的範圍，這個範圍的邊界稱為「事件視界」。「事件視界望遠鏡」則是嘗試觀測事件視界外的資訊，藉以研究黑洞本質的國際團隊。

去，一丘一丘的亂葬崗，一直往南延伸，不知有多遠。也不曉得有多少的凡夫俗子、英雄美人，層層疊葬在這片南山土地之中。

我的隔壁鄰居是做「資源回收的」（更符合當時的說法是：撿破爛的）；另外一邊住的是一家照顧墓園的園丁；對門鄰居在市場賣雞、鴨蛋，兼修理單車，他們家有兩個年紀跟我相當的男、女生，男生是我小時候最好的朋友。

我家後面，是一個不同於我們巷子的世界。那是一戶稅捐處宿舍的後院。每天晚上我都可以聽到，後面鄰居的三個小孩出來上廁所的聲音。我不認識他們，但是從他們規律的生活，和偶爾聽到的交談內容，知道他們家教很嚴，似乎整天都在讀書。

我們巷子裡平常還滿安靜的，偶爾才會聽到粽子、臭豆腐小販的叫賣聲。但是每逢黃曆上的好日子，我家附近就熱鬧了。一天總可以看到一、兩個出殯的隊伍，喧譁吵雜、浩浩蕩蕩的從我們巷子走進公墓區。每年新年或是清明時節，我家附近人潮洶湧的跟夜市一般。還有，墓仔埔裡有一間小廟，每逢廟神的慶典就特別熱鬧，那也是我們這條巷子祭神拜拜的年度大事。

這是一個人鬼交界處。鬼神的活動，遠比活人的更為豐富活躍。

動手做的童年

我的父親是個木匠，閒暇時是個南管樂師，小時候在澎湖的老家上過兩年私塾。母親沒有受過教育，認識的字不多，大部分

是從中年以後，玩大家樂慢慢學來的。小的時候，家裡沒有固定的收入，母親長年做些衣服加工或手工藝，維持我們的生活。

雖然生活清苦，但我們一群孩子每天玩得很充實。我們喜歡跑進墓園玩耍、探險，從爬樹、採果、抓鳥、灌蟋蟀，到釣魚、控窯、打蛇、捅蜂窩……。大人忙著為生活找出路，只求小孩不出大紕漏，因此我的童年倒也過得自由自在。

在一個資源貧乏的時代，四處找資源、自己動手做，是小孩子的一大樂趣。

我們有時會拿爸爸的木鋸，到竹林裡採集竹筒，再從資源回收的鄰居家裡找煤油，來做成火炬。夜幕降臨，我們便拿著自製火炬到墓仔埔「鍛鍊勇氣」，找尋故事裡的燐光鬼火。孩子們最期待一年一度的中秋節，過節的前幾天，我們就會開始囤積鞭炮，並且構思如何製造厲害的沖天炮發射器，等到中秋夜時，跟著眷村小孩打煙火大戰。

那個時候，我的世界就是一條泥土路的巷子，巷子外邊的是一群群，即將日落西山的榮民老兵，以及生活在不同環境的公務人員，巷子的另一頭則是市民的肉身回收廠。所看到的熱鬧場面是不時的殯葬隊伍，或是每年一度，墳墓區裡那間小寺廟的祭神典禮，聽到的則是中、西樂陣頭的喧鬧。印象中的社會重要人士，除了管區警察外，就是師公頭、乩童、和撿骨師。

以當時的環境，我的父母對我沒有太偉大的期待。對他們來講，子女能平安長大、不要當流氓、混兄弟就是最重要的目標；至於孩子要受多少教育，對我父母來說都太模糊、太遙遠。

　　並不是說父母不鼓勵我讀書、有好成績。相反的，父母在我的成長過程中，一直讓我擁有一間不受打擾的書房，和一張讀書寫字的書桌。在我的成長過程裡，這是他們給我的最大資產。

追尋墓地外的天空

　　那個時代的光害還不是太嚴重，夜晚抬頭一望就能看到閃閃的星星。不過，就算我曾經看過木星、天狼星、橫空掃過的人造衛星，或是閃亮流動的銀河，我也都不記得了。

　　有一年夏天七夕前後，幾個親戚騎著摩托車，帶我們繞過南台灣，到台東的三仙台露營。白天頂著烈日玩水，大人小孩都曬成大熟蝦。晚上進帳篷睡覺，每人都喊痛、喊熱，只好前半夜都躺在外頭納涼。不知道誰先注意到的，天頂上陸續有流星飛過，而且愈來愈多，有時還兩、三顆同時劃過天際。我們好興奮！

　　這應是我第一次經歷流星雨。後來查了資料，知道那是英仙座流星雨。每年都有，只是在台灣並不容易看到。那年偶然被我們幾個閒人、小孩碰上了，成為我們津津樂道的箱底趣事。

　　青少年時期，荷爾蒙充斥全身，成長的過程，也曾跟著隔壁眷村的孩子，經歷過一段懵懂的荒唐歲月。

　　有次，忘了什麼緣故，我跟附近的青少年聚眾，準備要跟鄰村的少年打架。一夥兒人學著迎神賽會的乩童，自製幾根「狼牙棒」，在木棍上打上十來根大鐵釘，跟鄰村的人約在大馬路上準備大幹一場。好在鄰居事前發現，讓幾個家長堵在約定地點，把

我們抓回去教訓一頓。

　　後來聽說對方除了刀棍外，還準備了鹽酸，打算採用街頭化學戰。這場械鬥若真的發生，今天我可能已經走上了另外一條路，在另外一個量子宇宙中了。

　　還有次，我最要好的玩伴讓我看他剛做好的扁鑽。拋磨光亮的三角尖錐，焊接著一小段鋼條，鋼條已經細心的纏繞著布條，當作握把，鋼條的末端，接著一個可以穿過手指的鐵環。扁鑽的長度大小剛好可以插進牛仔褲的後口袋裡。看著他得意的臉，我發現從小玩在一起的死黨，一下子變得好陌生。我還記得面對那根鐵器的莫名恐懼，和一股打從心裡深處翻湧出來的不安情緒，無以名之，讓我不知所措。

　　除了這些不成形的打架事件，一夥人倒是沒有真正闖出什麼大禍，大部分時間不是消磨在紅茶店，就是撞球間。我家附近有幾個兵營，兵營周遭一定會有好幾間撞球館。我們這夥人常在其中一間聚集，不是守著鋼珠台，就是敲桿打撞球，或是討論著女孩子和其他莫名其妙的事。兩、三年過去，我練就了一手撞球的好功夫。萬萬沒想到，多年後我接觸到牛頓力學，腦海中的撞球檯成為我的「想像實驗室」，是我學習物理的最大利器。

　　在接觸到牛頓力學之前，我就已經知道兩個等質量的球體在相撞瞬間時，被撞的紅色子球會朝著球心連線的方向前進，而白色母球的去向則跟紅色子球的方向成 90 度。想要控制紅球的走向，就必須把白球送到適當的撞擊點，光是這個技巧可能就要練習好幾個月到一年的時間。接下來的進階技術則是幫母球加上一

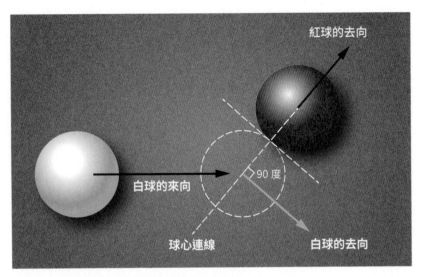

圖 1-1　撞擊後紅球的去向和白球的去向成 90 度。

些「自旋」，賦予適當的角動量，可以改變母球，甚至子球撞擊後的走向。

　　我除了把這個「虛擬撞球檯」用在牛頓力學，還應用到熱力學、量子力學和基本粒子物理上。這樣的結果是我年少玩耍時，從來沒有想像過的。

　　到了我國中二年級，這群死黨搬離開了墓仔埔的泥巷社區。好友離去，我的生活頓失重心，只好讀點書，準備高中、五專聯考。

　　高中聯考我差強人意的上了善化高中，打聽了一下這所第四志願的學校，除了升學紀錄不太好，距離我家竟有五十公里之

遠。我猶豫著是否要費這麼大把勁，每天通車去讀一間上大學希望渺茫的學校？還是留在市區，跟我的好同學一起讀崑山工專？可是，因為私立工專的學費太貴、家裡無法負擔；再則，心裡對大學還是有一絲絲憧憬，最後還是決定念高中。

求學路上的逆轉

從我家到善化高中，單車加上火車，一趟就得花上一個多小時的車程。每天兩次，我跟同樣從外地通勤上學的南一中、南二中、南女中的學生在車站擦身而過，心裡羨慕，但表面上又只能裝作不屑一顧。我愈對他們的身分感到渴望，對自己的處境就愈感到自卑。我沒有任何朋友讀這些好學校，身邊也沒有任何故事、經驗，讓我抱持著翻身的希望。我看著繡在我自己制服上的校名，認為這所不上不下的學校，似乎宣告了我人生的宿命。

很難說哪件事情讓我開始專注於書本上。可能由於被心儀女孩拒絕的自卑；或來自好友成群進工專就讀的落寞；又或是聽到其他人冷言冷語所發出的憤慨。但也可能是比較正面的原因，像是我讀過的書、看過的電影，其中的勵志情節開始發酵。

既然要考大學，就得好好讀書。雖然我家的經濟狀況不允許我上補習班，但我可以自力自強。既然已知稅捐處那戶鄰居的讀書步調，我就學他們放學後吃完晚飯就開始讀書，一直讀到晚上十二點才就寢。

如此的讀書步調，竟然讓我在高一第一次段考，拿到全班第

一名。當下的喜悅，對於我這個不被家長、老師期待的孩子來說，是無比的鼓勵。進入高二，我將晚上的讀書時間延長到清晨一點；進入高三，更延長到兩點。

命運讓我在學業上開了竅，特別是物理領域，我的「虛擬撞球檯」讓我可以迅速領悟箇中道理；而對物理的強烈興趣，也讓我更親近數學。

大學聯考放榜，我考上成功大學物理系。鄰居有位開校車為業的退伍榮民岳伯伯，幫我掛了串鞭炮，劈里啪啦的慶祝，讓我們這條泥巷聚落，有些喜氣。我的父母笑得合不攏嘴。當時善化高中已經有多年沒有學生考上國立大學，所以學校老師很以我為榮。那時候，我的人生第一次深刻的體會到，只要我堅持到底，我的今天就可以比昨天好；只要我不放棄，明天就可以更接近我的目標。

學費怎麼解決？

善化高中幫我申請了東南水泥公司的獎學金，解決了部分的學費問題。考上成功大學，雖然可以讓我住在家裡，還可以兼家教增加一點收入，但仍然沒辦法解決家中的經濟問題。我需要比兼家教更好的打工薪水。

跟許多人一樣，打工總是從親朋好友的事業開始。一向視我如己出的三舅覺得，他從事的「民間國樂師」不但可以讓我在假日閒暇打工，而且收入一定比家教好。我三舅是南部道教科儀法

會的樂師，南、北管嗩吶演奏的頂尖高手，頗受同業敬重。因此，我認為他的提議是當時最好的選擇，就開始跟他學吹嗩吶。

一開始我怎麼也看不懂台灣民間樂器的工尺譜，三舅特別用數字簡譜編了整套道家科儀的唱譜，讓我學習起來更加方便。在我從成功嶺受訓完回家的第二天，他就帶著我到南部的鄉間，展開我的嗩吶手打工生涯。

在台灣民間的傳統信仰中，一般的喪葬過程都會舉行道士法會，所以送行這行業還滿興盛，幾乎每個週末我都在各處的道士神壇吹嗩吶、當後場，有時也參加一些民間陣頭的行列；到了暑假，普渡建醮樣樣不拘。

一般的道士神壇會搭在喪家附近的巷道路口，神壇中間擺的掛軸是三清道祖、玉皇上帝、紫微大帝，兩側則是十殿閻羅。當時應該有人很好奇：怎麼會有一個學生樣的嗩吶生手，坐在閻羅掛軸前，啃著一本厚厚的物理原文書？

在成大四年，我保持之前的讀書習慣，一邊吹嗩吶、一邊念書，後來也以物理系第一名畢業。這時候，我已經體會到：科學將會幫助我從社會底層，躋身到社會叢林的樹冠上頭，讓我有機會看到樹冠外面的世界。

該出國念書嗎？

大學畢業前，一道決定人生方向的選擇題困擾著我：要不要出國念書？

　　由於家裡經濟的關係，很難想像自己要怎麼出國念書，我本來打算留在成大繼續讀研究所，之後謀個安穩教職；不過，跟師長以及當時的女朋友（現在的另一半）商量的結果，認為人生還有太多的未知等待我們去經歷，不可就此安定下來。而且出國是那個時代的風氣，好學生都得出國念書，回國才會有好職位。最後女朋友又加上了一條敕令：要出國就要快，不要牽拖等著讀完碩士。這些強勢論點把我「穩當前進」的想法頓時吹得無影無蹤，結果就是先去當兵，一切以出國讀書為目標。

　　我在 1989 年申請到美國伊利諾大學香檳校區物理系的助教獎學金，於是帶著吹嗩吶的存款，負笈美國攻讀物理博士學位。到了美國，世界頓時變得好大。物理系裡有許多名氣教授，他們從事的，正是我嚮往的研究。我打算從實驗物理下手，到處打聽每個實驗室的生態和前途。

　　研究所第一年曾參加了一次討論會，是由隔壁的天文所所長魯國鏞[1]主講。他到物理系演講的目的是要吸引研究生跟他到天文所做天文儀器。演講完了，我跟他聊了一會兒，他的工作比較偏工程材料，並不是我當時想找的方向，所以我們之間的第一次接觸，並沒有擦出任何火花。

---

[1] 魯國鏞是中研院天文所的創所成員之一，專長為天文物理學及電波天文學。於 1997 年至 2002 年擔任中研院天文所所長，1998 年獲選中研院院士，2002 年被美國國家科學基金會網羅任命為美國國家電波天文台（NRAO）台長。

練就十八般武藝

後來我在傑克莫薛爾（Jack Mochel）教授的實驗室裡，從事超流體相位變化的實驗研究。

由於「氦」在接近絕對零度時，會呈現非常有趣的性質。這時液態氦的流動會呈現出毫無阻滯力的狀態：任何大於幾個氦原子大小的縫隙，液態氦會毫無阻力的流過去，這個現象被稱為「超流體」。

我研究的是氦在超流態時，如果處在薄薄一層的極限狀態下，是不是仍會呈現超流體的現象。

因為超流體的現象要在非常低溫的環境下才能觀察，所以我必須把實驗室的一台超低溫稀釋式冷凍機，從報廢的狀態，修復成我的主要實驗平台。

我的指導教授只有我這個學生，所以一切都要靠我自己動手做。我每天除了研讀各種儀器的操作手冊外，就是製圖、切削、轉車床、焊接、拉線、鎖螺絲、油漆、抓漏、查管路。一切靠自己的結果，便是十八般武藝慢慢上手。

出乎意料的是，我竟然把冷凍機給修好了。第二年就利用這台機器，做出了一些成績，眼看著似乎就有數據可以當作畢業論文的資料，可是我也想著是否要轉換跑道，到熱門的超導體研究群。

圖 1-2　別懷疑，這位一頭烏黑頭髮的年輕人，真的是我。
這張照片拍攝於 1992 年，當時我在伊利諾大學物理研究所
照顧這台超低溫冰箱。我的最低紀錄就是將這台「自家製
作」的冷凍機降溫到達接近絕對溫度 0.05 度（50 mK）。

該轉換跑道嗎？

在莫薛爾教授實驗室的那三年，我面對著超流體這個冷門的研究題目，心中非常不安，不知道這樣的研究，要如何跟未來的生涯連結。我把心中的猶豫跟莫薛爾教授談起，他很嚴肅的跟我說，他沒辦法把研究題目變得更熱門，但他認為研究題目熱門與否固然重要，最重要的還是學會做研究的態度和方法。

我覺得很有道理。研究題目的熱門與否，會隨著潮流而改變，但是科學研究的態度，的確是要一致。因此，我決定在這個實驗室畢業，等找工作的時候，再來轉換跑道。

1993 年，拿到博士學位後，我在俄亥俄州的凱斯西儲大學從事博士後研究，鑽研太空中微重力環境下的固態晶體。

在一般實驗室裡頭成長的固態晶體，會受到地心引力的影響，而造成晶體結構上的缺陷或是純度上的瑕疵；而晶體中的瑕疵會嚴重破壞材料的物理性質，影響電子晶片的功能。在地面上，無法避免晶體的瑕疵，但在無重力的太空站中，或許就可以製造出超級完美的晶片。

那陣子，我的研究工作就是觀察固態晶體如何形成。我夢想著發明出好方法，可以幫半導體廠做出完美的結晶體，然後可以賺大錢。或者是，我就到美國國家航空暨太空總署（簡稱「美國太空總署」或 NASA）工作，上太空站做我的實驗，當太空物理實驗家。

我的人生，有好多精采的可能！

2

踏入天文界

經歷曲折，終於成為中研院天文所的一分子，而
哈佛－史密松天文物理中心，便是我的起點。
圖為哈佛大學校門。

　　沒想到，我對於博士後研究的興奮感，很快就被不安的感覺取代了。我在「微重力環境下結晶」這個題目花了一年半的時間，卻沒有明顯的進展。心裡覺得不踏實，又想換個方向，朝應用科學的領域發展。

　　找工作的時候，我在《今日物理》雜誌看到草創中的中央研究院天文及天文物理研究所（簡稱「中研院天文所」）在應徵製作電波望遠鏡的研究人員。

　　雖然我對天文學有點興趣，好比哈雷彗星最靠近地球的那一次，還跑到山上朝聖膜拜，但是我並沒有想過把天文學當作志業。總覺得天文領域，離真正的生活實在太遠；而且在探討天文問題時，總是處在被動的等待與觀測，不像其他的物理實驗，可以更直接、積極的參與實驗主題。

　　我雖然沒有受過天文學的專業訓練，但我對於自己「動手做」的能力很有信心，同時對製作電波望遠鏡的工作，有一些好奇感，所以便寄了履歷過去，沒多久，竟然就被通知面試。

不太順遂的面試

　　我在 1994 年聖誕假期回台灣面試。由於我一直在台南長大、求學，因此對台北的環境完全陌生，完全不知道中研院位在台北哪個方位。最後是靠著計程車司機的幫忙，開過整段的忠孝東路，才抵達中研院。進了院區，也沒人知道天文所在哪，甚至有人質疑中研院有天文所嗎？好不容易我才在地球科學研究所的

一間辦公室，找到了天文所草創時期的籌備處。

　　當時跟我面試的是李太楓[2]和袁旂[3]，分別是天文所的創所主任和當時（第二任）主任。

　　李太楓比袁旂年輕，是中研院地球科學研究所的研究員，他幾年前跟吳大猷院長提議成立天文所，為了集思廣益，邀請當時在加州大學柏克萊分校的徐遐生[4]，回台灣評估創所事宜。回台之前，徐遐生想要找魯國鏞一起參與，但魯國鏞正忙著在麻省理工學院的海斯塔克天文台觀測，一時間不到是否有意願回台。

　　徐遐生知道史密松天文台的賀曾樸是魯國鏞的好朋友，即使跟賀曾樸不熟，還是請賀曾樸幫忙傳達訊息。魯國鏞知道消息後，答應徐遐生的邀請，接著跟賀曾樸說：「你也跟我回去看看。」[5]就這樣子，這兩位跟台灣原本沒有什麼淵源的華人學者，開始密切的參與天文所的創所工作。

　　袁旂曾跟徐遐生一同做過研究，1990 年辭去紐約市立大學物理系的教職，回到台灣在清華大學擔任客座教授。那時，台灣的天文研究規模很小，只有中央大學的天文研究所，和零散在大學物理系的幾位教授。袁旂回台後，出於對天文研究的熱忱，次

2　李太楓是天文學家，中央研究院院士，專長是太陽系的地質物理與化學，擔任過中研院地球科學研究所所長。

3　袁旂是理論天文物理學家，主要研究星系結構。與徐遐生、魯國鏞、賀曾樸及李太楓等人籌備中研院天文所。

4　徐遐生是國際知名的天文物理學家，在密度波和恆星形成理論上有著卓越的貢獻，執世界之牛耳。父親徐賢修則是早期台灣國家教育、科技發展的重要人物。

5　根據賀曾樸的回憶口述。

年便與台灣及海外的天文學家聚集商討，如何在台灣發展天文學的研究與教育，也因此加入天文所的籌備。

可能是因為袁旂的研究專長是理論天文物理，在與我面試的過程中，他跟我在技術層面比較沒有交集；但是談到生活方面，感覺上親切近人。他對台北的「吃」特別有鑽研。後來我在台北的日子，跟隨他吃遍大街小巷、大江南北、各式料理的老食堂，這是袁旂留給我最有趣的回憶。

李太楓是以實驗為主的科學家，他最熟悉台灣的學術界運作模式。我從跟他的交談得知回台灣後大概的工作狀態。本質上，跟我出國之前的印象差別不大：中研院是純研究導向的中央研究機構。如果我回台灣當研究員，就必須要能建立自己的實驗室，努力發表論文，才有升等機會。

天文所有著非常弘大的願景，而且馬上就要面對一大挑戰：在台灣建造兩台電波望遠鏡，以參加 1989 年由美國史密松天文物理天文台（簡稱「史密松天文台」）主導建造的「次毫米波陣列」，陣列的地點在美國的夏威夷。這個新的陣列將是世界上第一組

毫米／次毫米波

1 毫米為 0.1 公分。波長介於 1～10 毫米的波稱為毫米波；介於 0.3～1 毫米的稱為次毫米波。電波望遠鏡的觀測波長愈短，解析度愈好，而毫米／次毫米波比我們常用的電磁波訊號（調頻電台、無線電視、手機、Wi-Fi、藍芽、微波爐等）短十倍以上，能取得更佳的影像，但這個波段的波容易被大氣、水氣吸收，所以望遠鏡必須設置在乾燥的高山上。

在次毫米波段觀測的望遠鏡，預計用來研究恆星和行星的生老病死。

史密松天文台原本預計建造六座望遠鏡，這六座望遠鏡兩兩一組，一共可配對出十五組觀測訊號；台灣在 1995 年加入史密松天文台的建造計畫，為此陣列增加兩座電波望遠鏡，總數變成八座，可配對出二十八組訊號。配對訊號的組數愈多，成像的速度就愈快，台灣的加入使得次毫米波陣列加快近乎翻倍，效益非常高。

這項望遠鏡建造工作引起我的興趣。在1990 年代，毫米波／次毫米波的偵測技術還在發展當中，所以一般人還沒聽過應用這些技術的 Wi-Fi 或是汽車雷達之類的東西，可是天文學家已經想到要在這個波段製造望遠鏡，觀測宇宙長什麼樣子。這是天文學研究的最前端，很有可能會有突破性的發現。

尖端科技發展、台灣製造、突破性科學發現，這幾個重要元素結合在一起，可以產生許多非常有趣的結果，對科學、對台灣、對我自己的工作生涯都有正向的前景，這份工作的特質跳脫我以往對天文研究的印象，而且滿對我的胃口。

陣列

全名為「干涉陣列」，一個陣列是由數個位置不同的望遠鏡和一個控制中心所組成，控制中心能讓這些望遠鏡同步觀測。陣列裡的望遠鏡可兩兩一組產生干涉訊號，蒐集這些干涉訊號後再以數學方法處理，可取得高解析度的影像。構成陣列的望遠鏡數量愈多，成像的速度愈快；望遠鏡間的距離愈遠，獲得的影像愈清晰。

小恆星

紅巨星

具有原恆星的星雲

星際物質會因彼此的重力
凝聚在一起,形成星雲。

當物質聚集的夠多,足夠的重力會造
成星體內部產生核融合而成為恆星,
燃燒產生的能量使得它發光、發熱。
同時,這些能量也產生向外的壓力,
跟它自身的重力抗衡,維持著我們可
以觀察到的恆星外表。

大恆星

超紅巨星

超新星

圖 2-1　恆星演化過程圖。當恆星的燃料用盡時,就沒有能量
維持向外的擴張力,因為沒有機制抵抗往內陷塌的重力,它的
重力會把本身所有的質量往內擠壓,最終邁向死亡。恆星的質
量大小不同,死後的命運也不同。

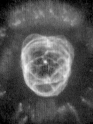

白矮星

行星狀星雲

例如太陽這類質量不足的恆星,在生命終點會變成「白矮星」。白矮星是一種由碳跟氧的原子核聚集的星體;大小約如地球,密度是目前地球的一百萬倍。

中子星

比太陽稍大一些的星體,它們的生命終點會變成「中子星」。中子星只由中子緊密構成,密度比地球大13 個數量級以上。

黑洞

如果恆星的質量比太陽大 10 倍以上,生命終點會變成「黑洞」!這類型的恆星最終形成的黑洞,質量大約是太陽的 5 倍到數十倍。恆星黑洞的質量愈大,愈是少見。

但在面談完後，我的內心有很多疑問。建造次毫米波陣列的望遠鏡，顯然跟實驗室的研究工作有極大差異，袁旂和李太楓兩位不像是有執行大型工程經驗的學者。他們該如何組織台灣的工程團隊？另外，中研院是純粹的學術研究單位，只有研究員，沒有工程師，真的能建造望遠鏡嗎？

我滿腹狐疑的回到美國，又再找了空檔，開了七百多公里路的車程回到母校伊利諾大學，去見中研院天文所另一個創所成員，魯國鏞，讓他當面秤一下我的斤兩。這是我們第二次見面，不過他不記得我了。

魯國鏞是最先嘗試用特長基線干涉技術（VLBI）偵測銀河系中心電波訊號的學者之一[6]，他從剛拿到學位的時候就開始這方面的研究。當時，因為 VLBI 才剛萌芽，觀測儀器和分析技術也不成熟，並沒有獲得明確的成果。到了 1985 年，他才和一群合作者在《自然》期刊中，提出銀河系中心的電波源——人馬座 A*（人馬座 A 是星系的名

特長基線干涉技術

望遠鏡之間的距離稱為「基線」，特長基線指的是基線長度大於幾十公里，甚至到幾千公里。特長基線干涉技術是利用幾個距離很遠的電波望遠鏡進行干涉觀測，模擬出超大口徑的望遠鏡。

6 Bruce Balick and Robert Brown, "Intense Sub-arcsecond structure in the Galactic center," The Astrophysical Journal, Vol. 194, pp. 265-270, 1974 December 1.

字，＊代表電波源）應該是「大質量的塌縮星體」，這篇論文是公認第一篇提出「銀河系中心有可能是黑洞」的科學證據。

與魯國鏞面試的感覺和之前的兩位先生很不一樣。他是實際使用電波望遠鏡做研究的天文學家，而且非常了解電波望遠鏡的技術。但這次談話的感覺不是很理想。

在伊利諾大學裡，雖然他所屬的天文所就在我念的物理所隔壁，但他並不認識我的指導老師，對我研究的低溫超流體領域也沒有興趣，因此無法評估我的實力；加上我沒有修過天文課程，對微波、毫米波的工程技術沒有經驗。因此對魯國鏞來說，我就只是個剛剛拿到學位，空口說白話的博士後研究員。

面試完後不久，我收到通知，結果並不是太好。天文所雖然沒有拒絕我的工作申請，但不答應給我研究員職位，反而降級，要我擔任研究助理，並且要求我先回台灣，接受一陣子的觀察再來安排。這不是我期待的結果。

在這個當下，我在美國已經獲得另一個半導體研究的機會；加上我的大女兒即將出生，我沒有辦法說服老婆，回台灣做一份高風險，而且前途未卜的工作。因此，我決定不接天文所的職位。

對中研院天文所來說，我的拒絕對他們來說也很困擾。雖然我這個申請案對他們來說，不是最優秀的應徵者，但他們心目中合適的人選，卻都已經拒絕邀請，要不是到了沒有選擇的地步，他們大概不會勉為其難邀我加入天文所。現在連我都拒絕，對他們來說是件很沮喪的事情。

　　加上創所的第一個計畫——「次毫米波陣列」的工作已經是箭在弦上，天文所已答應中研院高層會在三年內建造完成。這個計畫的成敗，攸關天文所未來的發展。如此緊迫的情勢，讓另一位創所諮詢委員，也是史密松天文物理天文台研究員兼任哈佛天文系教授的賀曾樸，直接打電話給我商談是否還有轉圜餘地。

三個晚上、三通電話

　　1995 年 4 月初的一個晚上，賀曾樸來電跟我談談生活跟工作的情況，也想聽聽我對自己、對中研院天文所的期待。我心想：反正不回台灣了，趁這個機會把自己的想法盡量表達出來。沒有想到，這麼一談，反轉了我和我的家庭接下來的人生歷程。

　　我最佩服賀曾樸的耐心。晚輩跟他談話，他總是像小孩似的專注聆聽。再怎麼枯燥無味、八卦無稽的故事，他還是會耐心聽完。後來，我在跟他一起工作的十數年間，很多次有急事卻找不到他，才發現他正關起門，花了好幾個小時傾聽學生的問題。

　　那個晚上，我們在電話裡從九點講到半夜。他誠懇的表明，天文所需要一位可以領導工程儀器發展的研究員，希望我能夠回台灣接受這個工作，所以給他一天時間想辦法，幫我爭取職位。面對這位前輩的鍥而不捨，我半開玩笑的說：「賀先生，你聽起來像是汽車銷售員！但是我不是在跟你談價錢、做車子買賣。我必須誠實告訴你，我已經答應到另一個實驗室做半導體研究，走一條我有把握的路，回台灣的想法就先擺在一邊了吧。」

賀曾樸回答說他了解我的處境，可是只要我還沒開始新的工作，他願意想辦法爭取。

隔天晚上，賀曾樸再打電話來，說他沒辦法說服天文所改變原本給我的條件，但想再跟我談談有沒有其他的辦法。我雖然認為沒有什麼可以討論的，但又因為賀先生非常誠懇，我不好意思斷然回絕，所以我們又繼續聊了一個晚上。

他提了一個想法，說反正我都要換工作，那就接下中研院的工作，但先到哈佛－史密松天文物理中心（哈佛大學天文台與史密松天文物理天文台的聯合機構，簡稱「史密松天文中心」）做一段時間的訪問學者，同時跟「次毫米波陣列」的工程人員先學習一陣子。這個方式讓我和天文所都有個緩衝的空間和互相觀察的機會。

我覺得這是個很新鮮的方向，對我們雙方的未來似乎都有正向發展；另外，可能也因為我在美國中西部待太久了，看膩了玉米田和密西西比河。我是個海邊長大的小孩，想到哈佛大學的拱門、麻省理工學院的長廊、波士頓海港、新英格蘭的龍蝦……不由得心生嚮往。雖然這個決定有其風險，但也存在了諸多機會。我決定跟家人討論看看。

第三個晚上，賀曾樸又撥電話過來。我跟我太太已經準備了一系列難題，打算讓他知難而退。像是到了劍橋的生活費如何處理、醫療保險如何應付、小孩的養育問題、簽證等等。當晚賀先生也是有備而來，他針對我的提問一一做出合理的計畫和承諾，可以讓我一上工就直接到麻州劍橋出差，當個訪問學者，至於生

活醫療的問題就跟著史密松天文中心的系統，薪資和出差加給當然由中研院想辦法。

當晚，賀曾樸對我說，他會盡力爭取我的升等機會，萬一未來中研院因為體制上的限制，無法順利發展工程儀器，致使我的工作生涯受困，他一定會「救」我出來的。

我就是被賀曾樸誠懇愛才的態度深深的感動，才接下中研院的工作。

人生轉捩點

我特別記得那天。和賀曾樸談到深夜，掛上電話的時候已經是 4 月 10 號清晨。匆匆就寢，然而心中忐忑，難以入眠。一會兒天還未亮，老婆搖醒我，說時間到了。我急忙拎著已經準備好的待產行李，攙扶著她坐進車子，往醫院去了。我們的大女兒就在當天出生。

為了迎接家裡的這個新成員，我像無頭蒼蠅般，忙了好幾天。在台灣這頭，袁旂急著要跟我確認聘雇的細節，可是一連四天得不到我的消息，以為我反悔了，讓他們虛驚一場！

1995 年 4 月 10 日是我人生的一個重大的轉捩點。我和太太不僅迎接一位家庭新成員，而且接受了台灣的新工作。一個半月後，我們這個小家庭搬遷到美國東岸的新英格蘭地區，開始新的生活。

遠征世界盡頭，必定要有親密同袍。
圖為格陵蘭望遠鏡工作夥伴，左起：中研院的技術助理張書豪、
研究技師黃耀德、我、技術助理魏大順。

3
CHAPTER

招兵買馬

我接下中研院研究助理的職位後，成為天文所的第六號成員。在賀曾樸的安排下，我不必回台灣，直接外派至麻州劍橋市的史密松天文中心受訓，開始了天文儀器「次毫米波陣列」的學習之旅。

「次毫米波陣列」是一套超級精密、重工業級的望遠鏡，由史密松天文中心的工程部負責建造。一個天文研究機構承擔這麼高難度的建造工作確實很吃力，而計畫又正在關鍵的整合階段，因此機構的人員都處於高度專注的狀態。

台灣團隊的加入，衝擊了機構同仁原來的步調。他們除了原來的工作，還要指導生手，導致他們的工作量增加，也因此難免發發牢騷，甚至語言諷刺。但整體來說，台灣的加入還是受到他們的歡迎。

我計劃在這裡停留一年，得想辦法找些事情做做，融入他們的團隊，所以我就從如何做望遠鏡的心臟——電波接收機開始。我在史密松天文中心的工作就在這樣的氛圍下，摸著石頭過河。

從零開始

1995 年 9 月，入秋，劍橋市開始季節性的變裝。日頭雖然愈來愈短，空氣倒是清爽乾涼，湛藍的天空披上一層淡金色的薄紗，這是最宜人的時節。

某天我接到了任務，要到機場接兩位台灣的訪客。這天一反常態，是個陰冷的日子，六點鐘不到天就暗黑了。我開著車，從

市郊順著 2 號公路進到劍橋，灰暗的天空飄起細雨，經過幾個擾人的小圓環，道路蜿蜒地接到查爾斯河兩旁的公路。

　　我不久前才從俄亥俄州搬過來，大路就記得這麼幾條。這個城市的居民開車是有名的強勢，在這裡開車跟在台灣的感覺差不多，只差沒有摩托車群，但仍要戰戰兢兢環顧四面八方。

　　接下來必須經過的地底迷宮也很令我擔心。機場位於波士頓港的東邊，連結機場的主要道路，是幾條海底隧道。這些海底隧道，接到目前正在整建的「高速公路地下化工程」，也就是著名的「大開掘」。這工程的目標，是把兩條經過城裡的洲際高速公路地下化，外加一條 2.4 公里長的新海底隧道。

　　所以城裡頭挖了許多大洞，交通管制毫無預警；地下隧道左彎右拐，稍微一晃神就會錯過出口而迷路。

　　我特別留意出口的標示，接著又拐了幾個彎，順利離開隧道，看來能準時抵達機場迎接兩位特別的訪客。他們是來自台灣中山科學院（簡稱「中科院」）的同鄉，也是未來團隊中最堅實的夥伴。

　　中研院天文所會找上中科院合作「次毫米波陣列計畫」，是因為偶然的機緣。

　　電波望遠鏡都有一個大碟面，碟面的支撐架構用的是結構強壯，重量又輕的碳纖維材料。為了在台灣製造次毫米波陣列用的電波望遠鏡，天文所先找了德國廠商洽談，德國廠商說飛機製造商多尼爾（Dornier）可能有我們需要的技術；等到跟多尼爾搭上線，對方竟然建議天文所找台灣的漢翔航空工業和中山科學院

航空研究所（簡稱「中科院航空所」）。

就這樣，在全世界天文工程界詢問了一圈，眾裡尋他千百度，竟然在自己的土地上找到我們的合作夥伴。

台灣科學界跟中科院的合作案不少，但這次合作的挑戰性是前所未見的。一來，「次毫米波」波段的電波望遠鏡才剛剛開發完成，將這樣一組的望遠鏡組成陣列是世界上的第一次嘗試，而台灣就要參與其中；其次，雖然望遠鏡的設計圖是由史密松天文中心提供，但建造的環節完全由台灣負責。所以天文所和中科院必須派人到史密松天文中心學習所有技術，之後在國內的廠房製造，再把成品運送到夏威夷 4,200 公尺的火山上跟其他望遠鏡整合。

對於中科院而言，這個計畫跟「經國號戰機」、「海洋探測船」，或「同步輻射加速器」相比，雖然規模並不大，但比起那些無法公開的國防計畫，次毫米波陣列很有機會為天文學界做出突破性的貢獻，未來的成果能見度相當高，因此眼前的小投資對中科院的形象有潛在的巨大收穫。再加上，當時中研院的「光環」還是相當閃耀。在幾個中研院院士誠懇拜託下，兼以國家名譽為由，終於說服中科院和我們合作。

最佳搭檔

出了蜿蜒的海底隧道，沒多久就到了波士頓洛根國際機場，我心中慶幸這次沒有迷路，是個好預兆。我停好車子後，從停車

場快步走到預定的出口，拿起先前準備的標示牌，睜大雙眼搜索兩位素未謀面的夥伴。

我這次接機的對象，是中科院航空所副所長翁慶隆，與結構工程師劉慶堂。

翁慶隆的專長是碳纖維複合材料，正是製造精密電波望遠鏡所需要的人才，他又剛好獲得到哈佛大學進修的機會，就順勢被中科院指派來評估我們的計畫。不過，他是上層的主管，不是實際動手的人，所以還需要工程師劉慶堂，一起到史密松天文中心的工程組來做更細部的討論。

第一次見到劉慶堂，從他的黝黑的膚色和一身結實的身材，就可看出他不是坐在辦公室寫報告的人，而是經常在戶外動手的工程師。他的興趣就是解決工程上的疑難雜症，從他的發問，也看出他注重細節，實事求是，但不會鑽牛角尖的個性。

之前做經國號戰機的時候，他曾經出差到美國接受建造戰鬥機的訓練，所以這次到史密松天文中心的訪問，對於他並不陌生。雖然他的英文能力並不強，但是跟史密松人員的溝通能力卻是一流。我從他身上學到，「溝通」不僅限於英文單字和文法，還有肢體語言與對人的態度。

每次出差，他總是帶了特大號的行李箱，裝滿了送海外朋友的台灣土產、禮品。等工作完成，準備回台灣的時候，他的行李箱又裝滿了出差的伴手禮。他的熱情與周到讓他的朋友遍布五湖四海，也讓我們的團隊，在世界各地時常獲得意外的幫助。

事實上，劉慶堂來訪問史密松天文中心是有些因緣的。當

時，中研院天文所已經從史密松天文中心挖角了一位機械結構專
家，名叫瑞菲利（Philippe Raffin，我們習慣叫他飛利浦）。他在
史密松天文中心待了四年，是負責次毫米波陣列主碟面結構的設
計工程師，對我們要做的工作非常熟悉，到台灣的第一個任務就
是尋找合作的廠商。對一個初次到台灣的法國人，這不是一件簡
單的事。

圖3-1　2001年，飛利浦（中）與魯國鏞（左）和李太楓（右）在中研院天文所合影。

　　飛利浦充滿了壯遊四海的精神，喜歡在世界各地的天文台工作，因為天文台總是蓋在古怪有趣的地方。他擁有豐富的世界閱歷，注重生活品質與細節，加上法國人優雅的談吐，是個非常容易親近的同事和朋友。

　　當飛利浦與中山科學院的工程團隊接觸後，覺得劉慶堂是最積極、最有衝勁的工程師，並且希望未來能夠繼續和劉慶堂合作。這就是天文所邀請劉慶堂到劍橋拜訪的原因。優秀的人才往往能夠辨認出其他優秀的人才，這一點，在我的工作生涯中屢見不爽，大概就是所謂的氣味相投吧。

　　在翁慶隆和劉慶堂離開史密松天文中心的前一晚，賀曾樸一再的向兩位訪客表明：天文所不只是在找尋有能力的廠商，更在找合作夥伴。這個建造計畫不只是為了台灣天文界，未來中山科學院還可以向全世界展示台灣的研發能力。這時候我已經完全體會到賀曾樸的說服力是世界一流的。

　　這一次的參訪，成為中研院天文所和中科院長期合作的開始。劉慶堂回台後即著手和飛利浦密切合作，展開台灣次毫米波陣列望遠鏡的建造工作。

　　劉慶堂是個實務執行者，負責把國際先進技術轉化成在台灣能夠執行的工作；飛利浦是望遠鏡結構專家，熟悉國際上的技術發展。他們兩人成為我的團隊中硬體發展計畫的主要人物，兩位工程師為了建造台灣的望遠鏡，足跡踏遍世界各地。在往後幾年馬不停蹄的日子裡，我們一起征戰夏威夷、智利、格陵蘭……一直到完成了黑洞現形的任務。

在沙漠中蓋高樓

　　我在史密松天文中心工作三個月後，賀曾樸帶來一個好消息：天文所決定升等我為「助研究員」[7]，這是我原先應徵工作時就期待的職位。雖然喜訊遲來，但也是算對我能力的肯定，讓我跟家人都吃了定心丸。

　　1996 年夏天，我舉家搬回台灣，埋首製造次毫米波陣列的七號和八號機。

　　當時，中研院天文所暫時棲身在生物化學研究所四樓，我們用了其中兩間大空房當接收機實驗室。由我們幾個早期的員工，以最快的速度雇人、採購儀器，將原本空盪盪、毫無人氣的房間，變成可工作的實驗室。

　　我們的團隊分成三組：我和另一位助研究員負責次毫米波陣列望遠鏡接收機系統的製造；另外一組人在新竹清華大學負責製造接收機內的超導體晶片；第三組人由飛利浦帶領，時常到台中的中科院航空所，跟劉慶堂一起建造望遠鏡的主體。

　　回到台灣的前幾年，大約每隔幾個月，我就會出差到史密松天文中心，把自己當成裝資料的人體硬碟，將望遠鏡建造技術轉移到自己的腦裡。回台灣的時候，又時常跟著飛利浦往台中跑，把存在腦裡的技術倒出來。我工作似乎就是到處奔波，每天面對

---

[7] 中央研究院的研究員分三級，位階從高至低分為：研究員、副研究員，和助研究員。研究員（和部分副研究員）的職位是所謂的「終生職」，聘期的期限直到受聘者滿 65 歲為止。助研究員的職位是年輕學者的入門位階。

解決不完的大小問題。

　　因為有史密松天文中心的技術指導，我們的工作風險降低許多。主要的挑戰，在於如何在國內找到符合規範的材料和施工方法，以及必須克服「第一次」的心理門檻。

　　次毫米波接收機是非常特殊的技術，全世界有相關經驗的地方不超過五個。史密松天文中心雖然有專人負責開發接收機，但經驗並不完整，偵測器的晶片還是得靠加州的噴射推進實驗室提供。而台灣就只有三個沒有經驗的迷你研究小組，打算從無到有做出全套的世界級電波接收機，這就像要在沙漠起高樓一樣的困難。

圖 3-2　1997 年，我（最右）戰戰兢兢的向中研院高層介紹我負責的次毫米波接收機。左起：當年即將接任天文所所長的魯國鏞、當時的中央大學校長劉兆漢、中研院前院長吳大猷、當時的院長李遠哲。

前途與出路

　　但是，次毫米波接收機不是我碰到的最大問題。

　　中研院的助研究員，未來的升遷靠的是每年發表的研究論文。論文的數量愈多，未來升遷愈順利，最好每篇都是當第一作者，有機會還可以得獎成名，成為學術巨擘。

　　這樣「不發文，就沒門」（publish or perish）的風氣，會使得研究人員打消從事長期、深入的基礎研發。打造望遠鏡這種需要長期團隊合作的實作工作，在產出論文方面的效率非常低落。整體來看，台灣的學術環境對於專注動手實作的人並不友善。

　　回台灣第四年，我發現我的工作理念，跟中研院的現實環境落差太大。再加上我家老二出生，家累愈加沉重，讓我懷疑返台的決定是否做錯了？因此當史密松天文中心出現工作機會時，我就跟當時的老闆魯國鏞說，我要到美國工作。

　　魯國鏞跟我一番長談後，表明他相當注重儀器發展，也肯定我的努力，但是學術環境問題的層面超乎他的能力範圍，必須找他的老闆解決。所以他就安排時間，帶我去見中研院院長李遠哲，要聽聽李院長有什麼方法。同時，魯國鏞還發了一封信給史密松天文中心的大老闆，跟他抱怨不應該到台灣來挖牆角。一時之間，讓我尷尬的不知如何進退。原來我的老闆是個狠角色。

　　跟李遠哲院長的會面大概持續了一個鐘頭。聽完我的故事後，他說這是年輕研究員常常碰到的問題，也說改善研究人員的學術環境及待遇一直是他努力的目標之一。當時，我感到相當左

右為難。一方面，兩位中研院主管執意留我，並答應改善目前的環境；另一方面，如我堅持離開，恐怕會造成史密松和天文所未來合作的疙瘩。所以，我決定繼續留在台北，靜待變化。

後來，我的工作道路又開了另外一扇門。

有一天在實驗室工作得比較晚，只剩下我一個人在測試新製作的電路。正在進行當中，李太楓走進實驗室，想要找我談事情。

他問說：「你太太還沒在工作？」我回答：「是啊。兩個女兒還小，交給人帶，倒不如自己看著。」接著他讚美我的兩個女兒好可愛，就跟雙胞胎一樣。然後就問我要不要搬到夏威夷去，幫忙開啟我們在夏威夷的工作？

我手上正在製作的兩台次毫米波陣列望遠鏡，完成後將遷移到夏威夷，與其他六台望遠鏡一同運作。由於次毫米波陣列是台灣在世界天文舞台初試啼聲的代表作，是一個只能成功，不許失敗的任務。因此，天文所的長官們問我這個儀器建造者，是否願意外派到夏威夷，就近照顧我們的望遠鏡，並參與次毫米波陣列的日常運轉。

這個機會讓我可以從頭到尾參與次毫米陣列的建造，有更完整的建造望遠鏡經歷。而且，雖然是移居海外，但畢竟還是中研院的工作，跟台灣土地還是有密切連結。在這些考量下，我接受了這個外派的任務。在 2002 年 4 月，再次告別台灣的父母親友，舉家搬到夏威夷的希洛小鎮。那年的 4 月 10 號，我們在暫時的住所，慶祝大女兒的七歲生日。

高海拔、沒有光害、方便到達，讓夏威夷的毛納基亞火山，成為全球最重要的天文研究場所。照片前景是次毫米波陣列，背景是日本的昴星團望遠鏡。

4

CHAPTER

地球和宇宙的連接點

次毫米波陣列的七號跟八號機自台灣本土打造、組裝，並且在台中中山科學院的園區中進行原地測試。一切測試沒有問題之後，再拆成幾個大組件，個別分裝，一路從台中，出高雄港，運送到夏威夷檀香山，再轉運到大島的港口，經由卡車拉到毛納基亞火山頂。

白色的山

毛納基亞是希洛西北方的大山，在夏威夷話裡，「毛納」意謂「山」，「基亞」意謂「白色」。這是一座海拔 4,207 公尺的休火山。雖然位於熱帶的島嶼上，每年冬天還是會積一些雪，點綴了聖誕氣氛，所以夏威夷人就直呼它為「白山」。

毛納基亞火山頂是天文學界公認的「地球和宇宙的連接點」，全世界最主要的天文研究大國無不在這插旗。而天文學家的據點希洛，則是位於夏威夷大島東方的海邊小鎮，坐落在毛納基亞和毛納羅瓦兩座火山的山腳下。交錯的山勢形成一個巨大的屏障，攔下了豐富的太平洋水氣，加上火山沃土，讓萬物滋長的特別自由自在。

對仰望宇宙的人來說，毛納基亞山頂是個十分良好的天文觀測地點，它有三個得天獨厚的條件：首先，它的海拔夠高，山頂的空氣稀薄，夜晚的星空看得特別清楚。第二，夏威夷接近赤道，能同時觀測南、北天半球的星相。第三就是「信風逆溫層」。

在一般的天氣情況下，海拔愈高，溫度愈低。但夏威夷的毛

納基亞和毛納羅亞形成了一道屏障，使得來自東北的信風受阻下沉，產生氣溫隨高度增加的逆溫層，這個逆溫層大概介於 2,000 至 2,500 公尺之間。

正因為這個小小的溫度轉折，使得水氣被壓制在 3,000 公尺以下，硬生生的把山頂上的氣候隔離出來，讓夏威夷的高山比其他同高度的地點更為乾燥，環境類似沙漠，能避免水氣的干擾。

基於這些優點，世界上的天文觀測機構都想在毛納基亞蓋望遠鏡，中央研究院天文所從 1995 年參與次毫米波陣列開始，也致力在毛納基亞建立天文研究設施，想提升蒐集第一手科學資料的能力，並貼近世界天文研究的脈動。

但是數年來，一些關心毛納基亞環境和文化的夏威夷原住民，持續運用各種手段和法律程序，來質疑州政府的開發計畫和管理政策，使得天文研究工作在行政和運轉上多了幾道關卡。若想在山上建造新的望遠鏡據點，要經過一段非常冗長的行政流程，當我們要在夏威夷蓋另外一座望遠鏡的時候，腦筋就動到了毛納基亞隔壁的毛納羅瓦。

信風逆溫層

信風下沉時因氣壓變高，使得氣體被壓縮增溫；若此時遇到上升降溫的海洋空氣，就容易產生上方熱而乾燥、下方冷而潮濕的逆溫層。逆溫層的結構穩定，不容易發生對流，下方的水氣便難以繼續上升。

巨大的山

　　毛納羅瓦是一座活火山，夏威夷話「巨大的山」，從海平面算起，高度有 4,169 公尺，比毛納基亞略矮，但若從海床量起，就比聖母峰和富士山疊加起來還高。毛納羅瓦最近一次發生岩漿噴發的火山活動事件是在 1984 年，岩漿從山腰的裂縫不斷的流出來，一路蜿蜒流竄的往小鎮接近，彷彿末日景象。正當許多居民準備逃難，岩流就在離小鎮十、十一公里外處停下來，火山活動戛然休止，大家無不額手稱慶。

　　我們開玩笑說：如果夏威夷的山神不喜歡我們蓋的望遠鏡，祂會用岩漿把我們趕走的。

　　中研院天文所就在這座活火山的山腰，海拔 3,400 公尺處建了另一個望遠鏡，便是「李遠哲宇宙背景輻射陣列」。由於當時的中研院院長李遠哲非常支持天文研究，還說了：「天文研究是個好題材，它讓人們朝共同一個方向看。」也因此這座望遠鏡以他命名。它的英文縮寫為 AMiBA，所以我們更常稱它「阿米巴陣列」。

圖 4-1　傳說夏威夷大島是火山女神佩蕾的住所，祂為大島帶來豐富的地形與多變的氣候，不時會把怒氣化為熾熱的岩漿。照片中是基拉韋亞火山所湧出的岩漿流，距離希洛約七十公里。

圖 4-2 位在毛納羅瓦的「李遠哲宇宙背景輻射陣列」，中間下方背景紅光的地方就是希洛鎮。

這座望遠鏡，是在「五年五百億」時，屬於教育部補助的「宇宙學與粒子天文物理學」下的一個子計畫，由台大物理系黃偉彥教授擔任計畫總主持人，中研院天文所所長魯國鏞為共同總主持人。它是全亞洲第一個研究宇宙論的望遠鏡，主要目的是觀測宇宙大爆炸所留下的熱輻射。

在二十和二十一世紀之交，隨著科技的發展以及偵測技術的突破，宇宙學理論從理論推演，進入到精確量測。那幾年，宇宙學相關的量測或是望遠鏡發展計畫成為熱門題目。美國加州理工學院有一組研究人員在智利的高山上，蓋了一座「宇宙背景成像器」（CBI），專門量測宇宙背景溫度的極微小變異；另外，美國太空總署的「威爾金森微波異向性探測器」、歐洲太空總署的「普朗克衛星」，都是為了研究宇宙的生成過程，而設立的儀器計畫。

而阿米巴陣列就是中研院天文所主導的計畫，我們邀請澳洲國家天文台幾位專家協助設計，由中研院和台灣大學天文研究所共同建造，從構思到開始科學運轉，耗時七年。當時幾個參與建造的年輕人都是新手，但是他們由打地基、鋪水泥等工作從零開始，從中獲得非常寶貴的建造、運營經驗。雖然阿米巴陣列與本次黑洞觀測無直接關聯，但這個計畫培養出的團隊，大部分都參與了我們後來架設的格陵蘭望遠鏡，默默為黑洞影像的工作出力。

2006 年，我們在夏威夷舉辦阿米巴陣列啟動典禮，由中研院院長李遠哲和台大校長李嗣涔共同主持，在夏威夷各個天文台代表的目睹下，開始望遠鏡的科學運作，算是正式第一次在國際

圖 4-3　2006 年阿米巴陣列完成時，袁旂寫了一首詩，親手將筆墨贈送給我。

天文界的舞台上呈現台灣的儀器發展能力。袁旂特別為這件事，做了一首詩，並將他親手的筆墨送給我。他的詩寫著：

> 巡天高僕　宇宙神通
> 西碧陣列　精細靡窮
> 上窺造化　學林翕從
> 米巴不出　誰與爭鋒

　　其中「西碧」指的就是我們想像中的對手──宇宙背景成像器。從中可以想見，我們的雄心壯志。

次毫米波陣列啟動

我到夏威夷的首要任務，就是要搞定七號、八號機。次毫米波陣列的位置高達海拔 4,100 公尺，我們這群人之中除了飛利浦外，沒有人有過高山環境工作的經驗。

為了體驗高海拔、低氧的環境，我特別在出發到夏威夷工作之前，舉辦了兩次團隊山訓活動：一次是背著裝備攀登玉山，另外一次是走合歡連峰。我在這之前從未訓練過，實際測試才知道在高山活動的感覺，眼看著體力好的同事，邁開大步往排雲山莊前進，而我……才沒幾步路……就已經……氣喘吁吁……呼吸全亂了套。一路上走走停停，還好沒出意外走完全程，我才體悟到「登玉山、知體弱」。

這種弱雞的體力如何出國長征夏威夷的高山呢？被人笑「東亞病夫」那怎麼行！從此以後，每日聞雞起舞，開始慢跑、游泳、騎單車、打網球，能鍛鍊身體、訓練肺活量的方式統統來。所以我第一次到毛納基亞的時候，倒不至於完全無法適應，後來為了加強鍛鍊，週末還會跟飛利浦下山，往沙灘游泳、潛水。那是一段為了科學，「上山下海」的日子。

人可以適應環境，但材料不行。就在我、劉慶堂、飛利浦，連同中山科學院、中研院的弟兄們，配合史密松天文中心的人員，一同在毛納基亞部署望遠鏡時，我們發現美國公司的碳纖維管，承受不了高山上的乾燥氣候，測試沒多久，即產生裂隙。而台灣耐特科技材料公司負責製造的碳纖維管，不但結構強壯、重

圖 4-4　劉慶堂與組裝中的次毫米波 8 號機合影。8 號機上部白色
管狀的結構體，即是主碟面的碳纖維支撐架構。

量又輕，更沒有這樣的問題。

　　所以史密松天文中心當下就決定將他們所有的碳纖維支撐架構，全部改為台灣貨。換句話說，整個次毫米波陣列的碟面支撐架構，都是台灣工業的精品，這件事也讓台灣團隊沾了一點光，覺得與有榮焉。

　　2003 年 10 月，世界上第一座在次毫米波段觀測的干涉陣列——次毫米波陣列正式在夏威夷的毛納基亞山頂啟動運轉，是

圖4-5　2003 年次毫米波陣列落成，魯國鏞夫婦來到次毫米波陣列的控制室參觀。背景是窗外的次毫米波陣列。

全球天文界的大事。11 月 22 日史密松天文台和中研院聯合舉辦
啟用典禮時，李遠哲院長和幾位中研院天文所元老都來到現場，
我一方面覺得緊張，一方面也很興奮，覺得終於不負眾人期待，
完成這件重要的任務，大家的辛苦總算有了結果。

　　因為七、八號機是台灣人的心血，所以消息公布之後便有
台灣媒體和旅客到毛納基亞拜訪，要一睹這座台灣製造的天文
利器。很多記者來到這都會很興奮的問：「我要跟七號和八號合

圖4-6　2003 年次毫米波陣列落成，李遠哲院長到夏威夷毛納基亞參與啟用典禮。
在廠房準備的時候，李院長、徐遐生（左二）和魯國鏞夫婦合影。

拍照片，那兩台在哪裡？」，還會要求我站在這兩台望遠鏡前面敘述次毫米波陣列的歷史，解釋干涉陣列的成像原理……。

就這幾天，「次毫米波陣列」、中研院天文所、和我的名字，在台灣的媒體上風光了一陣子。

住在台南的母親只知道我在中央研究院工作，至於在做什麼，她沒有什麼概念，不識字的她，也沒有看報紙的習慣。有天，親戚跑去跟她說：「妳兒子上報紙了。」她才趕忙從台灣撥電話到夏威夷，很激動的說起我們望遠鏡的新聞，占了蘋果日報一整版。我跟她開玩笑：「還好是正面的報導！出現在這家以重口味聞名的日報上，往往不是好事。」母親一直說：「這是好事！我要把這個報導裱框起來掛著。」

在石頭屋中插上國旗

除了七號跟八號電波望遠鏡有著高人氣之外，「石頭屋」工作站裡的各國國旗陣也是訪客的熱門打卡景點。

圖 4-7　位於毛納基亞山，海拔 2,800 公尺高的「石頭屋」，距離海拔 4,100 公尺高的次毫米波陣列大概三十分鐘車程。到夏威夷從事天文觀測的各國研究人員就住在這裡。大家一起吃飯討論宇宙大事。石頭屋裡掛著出資國的國旗，也象徵著全世界天文學家為了了解宇宙真相齊心協力。

自從 1960 年代，天文學家在毛納基亞的峰頂架設天文設施。為了架設工作上的需求，並支援天文觀測相關工作，夏威夷大學開始在海拔 2,800 公尺的半山腰建立維修補給設施，同時提供工作人員食宿，也就是「石頭屋」。

「石頭屋」的所在地是以前夏威夷人打獵時停留的地點，夏威夷人在這裡用石頭蓋了幾間屋子供人休息。後來天文研究建造的住宿點，也就跟著稱為「Hale Pohaku」，夏威夷話石頭屋的意思。

石頭屋和山上各望遠鏡的運作經費，是由各個天文台分攤，裡頭就掛了十來個出資國的國旗。我們的國旗是在 1995 年由李遠哲插上去的。這面青天白日滿地紅國旗之下，一直是台灣訪客喜歡拍照的定點。

十年後，對岸的旗子也進駐了，因為這裡不是一個公開的場所，大家的旗子排排擺在一起，倒也相安無事。天文研究的特色，就是讓每個參與者，看著天空上的目標，總是往外看、往遠處看，只有合作才能看得更廣更遠。

威脅人命的高山症

來夏威夷從事天文觀測的科學家，通常都是以石頭屋為據點，往返各個天文站，有時一待就是一、兩個星期，直到完成觀測工作再下山。如此一來，除了縮短往返天文台的路程，更重要的是，可以讓身體適應高山的環境，避免高山症。

高山症對於在此工作的人來說，是一大威脅。

天文台位於毛納基亞峰頂，在海拔 4,100 公尺的山頂，氧氣就只有山下的六成，空氣中沒什麼水氣，我們的身體會感到頭暈、噁心、心跳加速、想睡覺……也因此，在天文台工作的安全守則之一，就是禁止人員在峰頂的天文台裡睡覺，連打瞌睡也不行，萬一睡著了又發生高山症，會醒不過來而造成生命危險。

對第一次來到毛納基亞峰頂的訪客，我們會特別注意他們的身體狀況，一旦有高山症狀，我們會馬上讓訪客下山到石頭屋，因為它所在位置的高度約 2,800 公尺，是一般人生理上可以承受的海拔高度。

在峰頂的不適症狀，到石頭屋就會減緩許多，還能順便到餐廳裡吃一球清涼的冰淇淋，補充糖分跟水分讓身體舒暢，也因此很多訪客都覺得這裡的冰淇淋特別好吃。

雖然我是這裡的工作人員，但身體對高山缺氧的反應還是跟其他人一般，也因為缺氧腦袋特別不靈光。我們工作人員彼此約定過「在山上就不討論複雜的問題」，這也包括向訪客說故事。像是我們偶爾在山頂上接受採訪時，本想娓娓敘述夏威夷的故事，但舌頭不斷打結，講得牛頭不對馬嘴。

對來訪者來說，要聽進去我們的解說也不是容易的事情。畢竟這裡的景色太吸睛了。天空湛藍、信風徐來，象徵人類科技結晶的天文台，一一矗立在類似火星地貌的山脊上。一眼望去，很難不為這個景觀所感動。興奮的心情，加上缺氧的腦袋，自然很難集中注意力聽我們說明什麼是「次毫米波」和「干涉陣列」了。

礙事的暴風雪

除了高山症外，在毛納基亞山上工作的另一個威脅就是暴風雪。別以為夏威夷就是沙灘棕櫚樹雞尾酒，在冬天的時候，毛納基亞和毛納羅瓦的山頂不時會降下大雪，不是積雪堵住上山的道路，就是路面結冰，影響車輛通行。

往毛納基亞峰頂的路況相當陡峭，要是下雪，車子就要加裝雪鏈，用緩慢的車速上、下山；但若是山路即將結冰，巡查員就會建議天文台人員盡速下山，避免輪胎打滑出車禍。

冬天到訪的研究人員，常常滿心期待的來到夏威夷，然後被大雪卡在石頭屋或山下等待天氣放晴。或是等著全夏威夷州的唯一除雪車，清出上山的道路，才能夠繼續工作。

每次下完大雪，我們的首要工作就是上山清雪。為了研究人員的安全及保證望遠鏡能正常調控，工作人員必須清除天文台和望遠鏡周圍的結冰和積雪，天文台才能安全無虞的繼續運作。

正當我們忙著清雪除冰，附近的居民則會開出貨卡，鏟起山上的雪堆，載到山下的沙灘堆起雪人。有時候，因為除雪車清出的車道太窄，想上山看熱鬧的居民和天文台工作人員太多，讓短短十分鐘的路程，塞了一個小時。

接手麥斯威爾望遠鏡

2013 年，國際天文界發生一件大事。英國科學與技術設施

圖 4-8　上毛納基亞載雪的貨卡塞滿了窄窄的路，形成一條車龍。

委員會決定在兩年後關閉轄下的「聯合天文中心」，員工全部遣散，所運轉的麥斯威爾望遠鏡和相關軟硬體設備無償轉移給夏威夷大學管理，並且宣布，有興趣的研究單位可以向夏威夷大學申請使用。

麥斯威爾望遠鏡是一座多功能儀器，早在 1989 年就立足於毛納基亞峰頂，由英國、加拿大、荷蘭三國的科研單位共同出資運轉。它雖然年紀一大把，但主鏡面有 15 米，是世界上最大的

單一碟面的次毫米波波段望遠鏡[8]，而且才剛剛配置一台價值數千萬英鎊、當下最強的「次毫米波照相機」。

看到英、加、荷三國因為科研經費的考量，竟然放棄一座功能強大的觀測利器，對亞洲正在起步的天文研究單位來說，這就像是天上掉下來的禮物。

當時，擔任天文所所長的賀曾樸與幾位東亞區域的天文領袖們，正在醞釀一個共有的平台，讓東亞區域的天文研究資源能更有效的運用，而這個平台需要望遠鏡。因此，賀曾樸覺得不如就直接接手麥斯威爾望遠鏡。

經過近兩年，與夏威夷大學、英國、加拿大、日本、韓國、中國的天文單位無數次的討論與談判，2015 年初春，中研院天文所在賀曾樸的主導下，與中國、日本、韓國的天文機構組成「東亞天文台」，同時接收了麥斯威爾望遠鏡。

東亞天文台一開始只有賀曾樸跟我兩個執行委員，所以我負責創立東亞天文台的種種細項工作，包括找律師、到檀香山的州立商業部將天文台登記成一家非營利事業的公司。隔個幾天，為了讓會計人員開始運作，我到鎮上的銀行替東亞天文台開戶，開完戶，銀行櫃員問說要存多少錢？我那時才發現東亞天文台還沒有任何經費。說不得，只好自掏腰包，存了一百美元，當作東亞天文台的開台賀禮，也讓它的日常運作正式開始。

在處理完望遠鏡和軟硬體設施的接手工作後，我又花了三天

8　麥斯威爾望遠鏡的 15 米主鏡面面積比 6 座次毫米波陣列的望遠鏡總面積還大。

的時間，陪賀曾樸跟當時聯合天文中心的三十多位員工面談。這些先前負責運轉麥斯望遠鏡的老員工都相當有能力，賀曾樸希望他們能留下來，繼續為新的雇主效勞。我在一旁一面看著賀曾樸的談話，一面觀察員工的反應，不禁讓我想起二十年前賀曾樸第一次打電話給我的情境。他耐心的聆聽對方的意見，誠懇的回答他們的問題，更告知東亞天文台想長久經營的企圖，讓幾乎全部的員工都繼續留任。也因此麥斯威爾望遠鏡在東亞天文台接手後的短短幾個月，馬上就恢復原來的效率。

靠天吃飯的行業

2015 年 3 月，東亞天文台正式運轉，我暫代副台長，負責日常運作。天文台面對的第一項工作就是參與黑洞的觀測。沒想到夏威夷的氣候反常，竟然在 3 月刮起大暴風雪。連續一週山上每天都要下個幾十公分的雪，不僅結冰，還刮暴風。濛濛大雪快速落下，連鏟雪車都來不及清除；清雪人員手忙腳亂，一不小心就陷在雪堆中。

山上就如此的被冰封了五天。大部分工作人員只好待在小鎮的工作站裡讀論文、打報告，期待雪霽天晴。

負責觀測工作的松下聰樹每天總是要問我幾次：「雪清完了沒？山上的路通了嗎？」我只能告訴他：「巡查員說若路況有進一步的發展，他們會即刻通報。我們都在等啊。但看起來不太樂觀哦！」

圖 4-9　2015 年 3 月，毛納基亞大雪過後，次毫米波陣列的工作人員上山清理望遠鏡結構上的結冰。

　　來自日本的松下，擅長的是電波天文觀測和儀器測試，在中研院從博士後做起，2012 年加入我們的黑洞研究團隊，成為我的可靠隊友。松下是個喜歡旅行的國際天文學家，一結束智利阿爾瑪陣列的工作，馬上就到夏威夷加入次毫米波陣列和麥斯威爾望遠鏡的運作。這樣的工作，剛好可以讓他結交五湖四海的朋友，感受不同的風俗文化。

　　大雪封路，之所以讓松下著急，是因為中研院天文所在 2015 年的 3 月上旬這十天，必須跟美國加州、亞利桑那州、以及智利的電波天文台同步，觀測銀河系中心的人馬座 A* 和遠在 5,500 萬光年外的室女座 A*（簡稱「M87*」），毛納基亞偏偏在這節骨眼上下大雪，果然，天文學家是個「靠天吃飯」的行業。

　　「通了沒？怎麼辦呢？」松下又探頭進來。「這麼多的雪，怎麼還有時間重新布置次毫米波陣列？啟動麥斯威爾望遠鏡的儀器還需要好幾天功夫呢！讓我上山好不好？」

　　答案是否定的，安全第一，我實在愛莫能助！唯一能夠安慰他的話：「不用擔心，在我們有生之年，黑洞隨時在那裡等著我們。」

圖 4-10　2015 年 3 月，從希洛遠眺白雪覆蓋的毛納基亞山頭。

黑洞搜捕競賽中，台灣必須運用以小搏大的智慧，才能在國際舞台上占有一席之地。
圖為智利阿爾瑪陣列的環景圖。

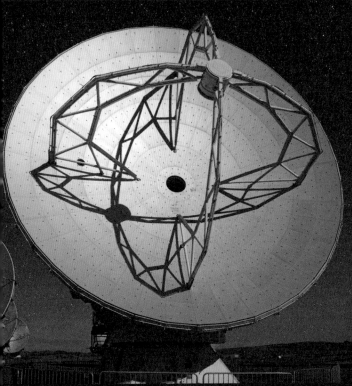

5

CHAPTER

槍聲響起

阿塔卡瑪沙漠

位於南美洲西部。雖然就在太平洋旁邊，但因為當地盛行離岸風，而且附近有祕魯涼流經過，使得空氣下冷上熱，十分穩定，不易形成雨雲。加上大西洋水氣被東邊的安地斯山脈阻擋，導致年平均降雨量只有 15 毫米，成為世界最乾的地方。

在次毫米波陣列啟用後沒多久，2003 年 11 月，阿爾瑪陣列在智利的阿塔卡瑪沙漠舉行了奠基儀式。阿塔卡瑪沙漠是世界最乾的地方，要蓋阿爾瑪陣列的查南托高原則有海拔 5,000 公尺高，相當適合天文觀測。

這個地面望遠鏡計畫是由美國國家電波天文台和歐洲南方天文台在 1997 年決議，1999 年定名，日本則在 2004 年加入。2005 年 9 月，中研院天文所與日本國家自然科學機構簽署協定，雙方人員聚在中央研究院的會議室，行禮如儀，簽完握手，台灣正式成為阿爾瑪－日本團隊的一員。

到了 2008 年 12 月，我們又透過國家科學委員會與美國國家科學基金會（簡稱「美國國科會」）擬定草約，加入阿爾瑪的北美計畫，合作的細節則由美國國家電波天文台主導。跟美國簽約的過程有趣多了。當時兩國的國科會各自屬於政府單位，而美國的政治慣例不允許他們的官員直接跟我們的官員有「官方接觸」，所以那時就在「美國在台辦事處」裡，由駐美國台北經濟文化辦事處的人員戴著白手套、當中間人，把一份同意書傳來傳去，完成了簽訂，猶如一幕科學研

究與國際政治的舞台劇。

　　為什麼我們分別加入日本和美國的團隊呢？因為我們跟雙方的協定內涵是廣泛的天文技術與研究合作，同意在互利的基礎下一起執行各項天文科學相關的交流與研究。合作的項目雖然是以阿爾瑪計畫為主，但也可以拓展到其他的天文研究計畫。因此，當我們加入他們的團隊，就可以加入對方其他的天文計畫，甚至提出新的構想。

　　換句話說，加入阿爾瑪計畫的同時，也開啟了台灣天文界參與日本和美國天文研究舞台的大門。

　　「大國造勢，小國乘勢。」台灣天文界的資源不如這些大國，若想爭取最大的影響力，便是乘勢，而這次我們乘了日本和美國的勢。

各自設計原型機

　　在中研院天文所剛加入阿爾瑪─日本團隊的時候，整個阿爾瑪計畫預計要建造八十座望遠鏡，每一座的預估造價接近一千萬美元，讓它被稱為「地表上最貴的望遠鏡」。面對這麼龐大的工程預算，阿爾瑪計畫的三個主要夥伴：北美、歐洲、日本團隊，都極力爭取，想在自己的區域中製造所有的望遠鏡。

　　由於阿爾瑪計畫一開始也需要幾台原型機當範本，用來測試規格和功能，決策核心就決定讓三個團隊各自設計符合工程規範的原型機，再分別評估原型機的設計、成本、功能，與後勤補給

方案，最後由最符合條件者承接所有阿爾瑪望遠鏡的製作工程。

　　然而，三組都完成原型機後，決策核心評估了原型機和他們提出的改進計畫，卻覺得三組團隊都合格，決定「人人有獎」，讓北美跟歐洲各負責主陣列一半的望遠鏡，日本負責副陣列的所有望遠鏡。

　　這個決策雖然跟一開始講的不一樣，但也在意料之內。

　　首先，每個團隊負責人原本就希望將經費留在自己的地區，只要能爭取到製造阿爾瑪的工程合約，就能提升自己國家的科學技術與國內生產毛額（GDP），是筆大功勞。

　　其次，阿爾瑪計畫才剛歷經了一次規模上的重新評估，執行團隊已經意識到可能有經費不足與時程延長的問題，將原本布局的八十座望遠鏡降低到六十六座。這六十六座望遠鏡當然可以交付單一廠商製造供應，可是，如果讓三家廠商同時製造，能大大的縮短所需時間，也能節省經費。

　　我們是一群接受嚴格理性邏輯訓練的科學工作者，從原型機的測試發展過程中，顯示了三個工程團隊都具有滿足嚴格工程規範的製作能力，如果在大局考量下有良好的解決方案，調整比賽規則並非不可行。

　　所以，決策核心做出這項決定是可以理解的，當下也沒有聽到什麼異議。在人人有獎的氛圍下，北美、歐洲、日本團隊便分別請廠商著手生產新的電波望遠鏡。

尋找最有利的參與方式

中研院天文所加入日本以及北美團隊，雙方同意對阿爾瑪相關的科學和儀器發展項目和工作，進行互利的交流、溝通、合作。台灣也會貢獻一定的經費，而經費的多寡則跟未來台灣研究人員使用阿爾瑪陣列的時間有關。

參與國際科研合作案的經費有三種運用方式，一種方式是「出錢」，也就是貢獻現金，支援國際天文台的運轉。這種方法最單純，直接拿經費換取望遠鏡的觀測時間，獲取資料作天文研究。

第二種方式是「出力」，參與科研計畫的實際工作。舉兩個簡單的例子，像是派遣人員到天文台負責實地工作，或是幫忙建立資料庫系統等。這類「服務型」貢獻做到極致，能把研究經費用在自己國家的人身上，並提升本地人員的工作經驗和技術。

第三種方式是「出物」，提供研究工作需要的關鍵技術或是物件。這種貢獻提供的不只是「服務型」的工作，還包括關鍵物件的智慧財產。這種方式需要的人力和能力範圍最廣，也必須發展關鍵技術，為成敗負責，因此風險性最高，但是回報最大。不僅能將經費和工作留在自己的國家，更留下研發的經驗和人才，這就是所謂的「實物貢獻」（In-kind Contribution）。

譬如我們建造次毫米波陣列的七、八號機，或是後續會提到的格陵蘭望遠鏡，都屬於實物貢獻。蓋望遠鏡的實物貢獻，除了能獲得最尖端望遠鏡的使用機會之外，還有一個特點，我們可以

站在望遠鏡前面拍照簽名。

但實物貢獻除了看各國的財力，也要看功力。例如，加拿大參與北美阿爾瑪計畫的實物貢獻是研發，並且製作阿爾瑪的第三頻段接收機。這項工作需要具備接收機的尖端技術和嚴謹的製作實力，非常有挑戰性，加拿大因此培養出一群製造接收機的科學工程人才。

在我認為，實物貢獻對自己國家的回饋最大，我們這些科學工作者經常以此模式加入跨國計畫，例如中研院天文所成立接下的第一個大計畫——「次毫米波陣列」就是這樣。

對老大哥說 NO

台灣加入阿爾瑪—日本團隊後，即著手與日本夥伴商討台灣能夠做什麼樣的貢獻，雙方同意台灣提供「服務」。我們第一個大型工作就是建立阿爾瑪前端系統整合中心，整合並測試阿爾瑪陣列的接收機系統。

系統整合是望遠鏡建造過程中的重要步驟。整合中心首先要驗證各國寄來的幾十個

第三頻段

「頻段」指的是接收機所能偵測的特定頻率範圍，阿爾瑪陣列預計裝設十個頻段（目前已裝設第三至第十），其中的第三頻段是 84-116 億赫茲，波長 2.6-3.6 毫米，是初期安裝的最長波長範圍，因為它比較不受大氣影響，所以是天線測試、調適的關鍵頻段。

次系統，確認個別的功能無誤之後，再把它們組裝成系統，當系統通過測試和功能驗證，就把整個系統打包、裝箱，運往智利的山上。那邊的工作人員會直接把接收機系統安裝到各個望遠鏡裡頭。到這個步驟，望遠鏡的硬體工程就算完成了。這段流程非常精密，製作太空衛星也大約如此。

阿爾瑪的前端系統整合中心只有三個：一個在美國國家電波天文台，另外一個在歐洲南天天文台，再來就是中山科學院航空研究所。我們之所以能和這些大天文台並駕齊驅，就是因為先前有次毫米波陣列的成功經驗。

經由這個「服務」，我們將參與阿爾瑪陣列計畫的一半經費花在國內，保留了相關的技術，把經驗傳承給國內的工程團隊。

到了阿爾瑪計畫執行的後期，準時完成的壓力愈來愈大。歐洲的阿爾瑪前端系統整合中心眼見來不及，只好委託台灣幫忙。那時中山科學院的整合中心開了另一條工作線，幫歐洲完成他們百分之二十的產量。

這份額外的工作有實質的回饋：它變成我們「服務」貢獻的一部分，增加了我們後來在格陵蘭計畫的談判籌碼。

我們加入阿爾瑪─北美團隊的時間相對較晚，絕大部分有趣的研發工作都已經完成。我們曾經提案，台灣是否可指定一座阿爾瑪陣列的望遠鏡當成實物貢獻。在考慮種種因素後，這個提案被拒絕了。也因此，當美方希望用台灣的經費來蓋一個阿爾瑪陣列高原上的電廠，反過來換我們說「No!」

我們的理由很簡單。首先，我們的錢只能負擔電廠的一小部

分經費，解決不了美方缺錢的大問題；其次，電廠雖然是阿爾瑪陣列的一部分，但不是我們能夠自己製作的「實物」，這種大項目應該是要由像美、日、德這些主導整個計畫的大國負責才是。

當初在簽約的時候，就賦予台灣自行決定貢獻哪些「實物」的權利，面對這種強人所難的要求，我們當然明確的拒絕。可是當時我們也找不到比較有趣、對台灣未來有所幫助的工作，所以事情就暫時擱在那裡，而我的老闆（賀曾樸）則按住性子，等待時機。

要對美國老大哥說「No!」不是容易的事，但是我們堅持下來了。也因為賀曾樸的「眼中形勢胸中策」，後來才有「格陵蘭望遠鏡」的初期經費，這絕非偶然。

到日本取經

賀曾樸長期留意國際天文情勢的發展，察覺到次毫米波波段的 VLBI 觀測會是未來的方向。

2007 年 4 月，賀曾樸要我到日本相模原的太空中心去參加一個針對第二代 VSOP 硬體發展的會議。我當下心想：「哇！VSOP ！要我參加日本 Cognacs 的品酒會？」

我想像中的 VSOP 是干邑白蘭地的一種，和實際上的VSOP——「高端先進通訊與天文實驗室」衛星[9]天差地遠。

9　日本在 1997 年所發射的衛星，天文界因它的觀測計畫名為 VLBI Space Observatory Programme，稱它為 VSOP。

　　這顆衛星除了通訊任務外，還結合了科學任務：VSOP 的 V
指的是 VLBI，就是特長基線干涉技術，換句話說，它也是個天
文望遠鏡，能和地面的天文台同步觀測，形成一個地球直徑兩倍
半的合成望遠鏡！

　　而把 VSOP 送上太空的過程更展現了人類的想像力。VSOP
的主碟面直徑有 8 公尺，但太空梭只裝得下 2.5 公尺的望遠鏡，
聰明的工程師最後把主碟面設計成折疊雨傘的樣子，當 VSOP 抵
達軌道後再自動打開，解決了運載容量限制的問題。

　　只是 VSOP 在 2005 年停止運作了，日本太空中心這次舉辦
的是「第二代 VSOP」的籌備會。我問賀曾樸：「我們所裡沒有
做 VLBI 的科學團隊，為什麼還要去參加這個會議呢？」他說中
研院雖然還沒有這樣的設備，但 VSOP 所使用的 VLBI 有可能成
為未來次毫米波的工作方向，想先找尋儀器發展的切入點。

　　原來老闆派我參加會議的任務是當「唐三藏」，到日本去
「取經」。

　　這是我第一次參與 VLBI 硬體發展的相關會議。由於之前沒
有太空跟 VLBI 觀測的工作經驗，會議裡頭又沒有熟識的同事或
是合作的朋友，兩天的會議內容對我而言不算有趣。倒是在這次
會議上，我第一次碰到 VSOP 的主要科學家——井上允和他的學
生淺田圭一。

　　井上允是日本資深的天文學家，有著一頭白多於黑的紳士髮
型，留著跟宮崎駿一樣的落腮鬍，彬彬有禮，但不寡言拘謹，討
論問題時直來直往，有問必答，有疑必問。他的專長是 VLBI 觀

測跟緻密天體研究，眼看 VSOP 從構思到停止運作，本身就是日本 VLBI 科研的活歷史，取得黑洞影像是他畢生的夢想。

淺田圭一是新生代的天文博士，頂著像愛因斯坦般的鳥巢髮型。他是井上從日本綜合研究所收的博士生，過去幾年一直隨著井上在 VSOP 計畫中工作，具有實際 VLBI 觀測工作的經驗。

第二代 VSOP 籌備會的主要目的是集思廣益，希望能徵集各專家的想法，來提高接收訊號的頻率，以增加望遠鏡的解析能力，更重要的是提高主碟面的表面精準度。

可惜第二代 VSOP 的主碟面精準度一直無法改善，日本最後取消了這項計畫。這項決定讓所有研究黑洞的學者扼腕，尤其是日本的科學家們，他們不但沒有新增強大的研究利器，還損失了幾十年來所建立出的領導地位。

搜捕黑洞競賽

2008 年 9 月，美國天文物理學者謝普多爾曼（Sheperd S. Doeleman）[10] 團隊在《自然》期刊發表了一篇論文，他們利用三台分別位於夏威夷州、加州，及亞利桑那州的電波望遠鏡，首次實現次毫米波段的特長基線干涉技術。

這篇論文的亮點在於精確的測量到人馬座 A* 的星體結構，

10　謝普多爾曼主要研究天體物理，因為本次的觀測，使得他成為觀測黑洞的領頭羊之一，之後號召全球天文學家組成事件視界望遠鏡（EHT）團隊，並擔任計畫主持人。

並推論：人馬座 A* 的電波訊號主要不是源
自星體的中心，而是周圍的吸積盤；換句話
說，人馬座 A* 的電波源是一個類似環狀的
發光體，就像是甜甜圈一樣。這個結論正好
符合科學家們對「黑洞陰影」的期待。

　　不過，參與這次觀測的望遠鏡數量不夠
多，而且相對的距離不夠長，影像解析能力
仍然不足以直接分辨出黑洞的影像，但確認
了次毫米波 VLBI 能用來觀測黑洞的陰影。

　　這讓世界上長年研究緻密天體的學者們
興奮的摩拳擦掌，想放手一搏。因為觀測波
長從無線電波縮短到次毫米波，我們可以大
大縮小望遠鏡的所需口徑，或許「跟地球一
樣大」就足夠了。

　　而且世界上還有其他的次毫米波段望遠
鏡，像是：夏威夷的「次毫米波陣列」、南
極的「南極望遠鏡」、智利高原的「阿佩克
斯」、西班牙境內的「伊朗姆 30 米」。這些
望遠鏡只要經過局部的改裝，配上精準的原
子鐘，就能一同參與次毫米波 VLBI 觀測，
提高解析能力。

　　加上接下來的幾年內，還有幾個大型的
次毫米波段望遠鏡即將完成：法國阿爾卑斯

吸積盤

宇宙中的氣體或塵埃等星際物
質受到星體吸引，在星體周圍
繞行所形成的盤狀（或環狀）
結構。由於吸積盤上不同軌道
的物質是以不同的速度運動，
若物質靠得很近，就會摩擦產
生熱，進而發出輻射電波。

山的「諾艾瑪陣列」、墨西哥的「大型毫米波望遠鏡」和智利的「阿爾瑪陣列」。未來只要我們在適當的地方架設次毫米波段望遠鏡，把這些在地球不同角落的望遠鏡連線成 VLBI 陣列，就可以合成一座地球一般大小的望遠鏡。

這篇文章發表後，天文學家們不再問「如何」才能擷取黑洞影像，或「何時」才會證實黑洞的存在。每個人想的是：誰有能力運作、掌控足夠的望遠鏡資源，成為第一個捕捉到黑洞影像的人。

這個既競爭又合作的研究，各國都躍躍欲試，這場世界性的科學競賽，當下響起競賽槍聲。

此時，天文學家們就像狗仔隊一樣，每個人，每個小組，每個單位，每個團隊，都想要第一個獲取「黑洞」的獨家影像。

美國方面，多爾曼頂著《自然》期刊論文的「光環」，積極號召全世界的 VLBI 學者，打算聯合所有的次毫米波段望遠鏡，組成一個名為「事件視界望遠鏡」（EHT）的科學團隊，繼續朝擷取「黑洞影像」的目標推進。

歐洲方面也有一群在黑洞理論與觀測上長久耕耘的天文學家，例如理論天文學家海諾法爾克（Heino Falcke）[11]，他的理論模擬研究，促使電波望遠鏡專注在觀測黑洞的剪影；歐洲的天文台長期經營歐洲的 VLBI 網絡。有這樣的機會，他們當然不讓多爾曼專美於前，也主張一同合作。

---

11 海諾法爾克是德國天體物理學家，率先提出：應該觀測黑洞周圍的剪影。現為事件視界望遠鏡科學理事會主席。

圖 5-1　EHT 成立之後，我們每年固定時間都會開工作會議。照片中是 2018 年的時候，井上允（左）、謝普多爾曼（中）、海諾法爾克（右）正在暢談願景。

亞洲最早發展 VLBI 的是日本，在 90 年代有了 VSOP 後，曾嘗試獲取黑洞影像，可惜第二代 VSOP 胎死腹中，功虧一簣。

南韓發展 VLBI 天文觀測也有一段時間。他們有一組由三個觀測站組成的「韓國 VLBI 網絡」，由「東亞 VLBI 研究中心」負責統合觀測與運轉。

中國大陸在電波望遠鏡的發展雖然相對有限，然而由於「登月計畫」的需求，使他們在 VLBI 的技術上有相當的成果。

另外也有跨越中、日、韓所組成的 VLBI 陣列——「東亞

VLBI 網絡」，它由十一個站台所組成，可惜這些陣列的觀測頻率較低、分布區域不夠廣大，因此合成的解析能力還不能挑戰黑洞，無法參與擷取黑洞影像的競爭。

　　台灣完成了次毫米波陣列，在儀器和技術上有優勢，但缺少一個長久在這方面耕耘的研究團隊。於是賀曾樸再度發揮遊說長才，邀請井上允加入。

　　2009 年，井上允帶著淺田圭一到中研院天文所就職，成立 VLBI 小組，開啟了台灣的 VLBI 黑洞觀測研究。

　　當 EHT 在科學界搭起了一個世界舞台，天文所除了有次毫米波陣列，也是阿爾瑪陣列的成員，現在我們找齊了一流的人才後，已經擁有參加本世紀「搜捕黑洞」競賽的參與權。

歷經重重考驗，台灣終於拿到阿爾瑪原型機，不料卻掀起一場波瀾……
圖為閒置在美國新墨西哥州的「北美阿爾瑪」原型機。

6

CHAPTER

原型機風波

　　阿爾瑪決策核心讓「人人有獎」之後，三個團隊開始分頭製作新的望遠鏡。日本珍惜物資的傳統讓他們決定把原型機改裝，納入阿爾瑪陣列；北美跟歐洲的團隊接下來會依改進計畫的新規格生產望遠鏡，考量了改裝與運送的成本等因素後，決定不再使用原型機。

　　北美和歐洲的原型機因此被閒置在一個海拔 2,100 公尺的沙漠高原，新墨西哥州索科羅的「特大陣列」現場。這座知名的毫米波干涉陣列曾作為電影《接觸未來》的海報背景，前景則是頭戴著草帽的女主角茱蒂佛斯特（Jodie Foster），她一臉專注，倒掛著耳機，試著聆聽天際傳下來的訊號。

　　2010 年，美國國家電波天文台接到高層——美國國科會的指示，向所有參加北美阿爾瑪計畫的合作夥伴們徵求新的構想，主題是如何「再次使用」北美阿爾瑪原型機，並要求把構想寫成「研究意向表述」，提給美國國科會評估。阿爾瑪－北美計畫的合作夥伴，除了美國本身，還有加拿大跟台灣。

　　台灣在阿爾瑪陣列計畫中，可運用的經費有一半花在前端系統整合中心，我們一直希望另外一半可以用在國際能見度高，或是對天文所未來發展有益的實物工作。所以在得知美國國科會有意釋出阿爾瑪原型機的使用權時，我們很想把握這個實物貢獻的機會。

　　只要能夠拿到這台原型機的使用權，再把這座次毫米波段望遠鏡架設在適當的地方，它就能成為電波天文和黑洞研究的利器，不但全球的次毫米 VLBI 觀測可以受益，我們自己的研究團

隊也新增一個觀測平台。

　　我們希望掌握平台，進而主導研究方向，讓我們在擷取「黑洞影像」的過程中能占有關鍵地位，這座新的次毫米波觀測站，可能讓台灣的天文團隊在未來的次毫米波天文學上創造歷史！

一個瘋狂的點子

　　為了讓台灣提出的研究意向表述得到青睞，我們開始腦力激盪。依我們的設想，改裝後的原型機勢必會加入次毫米波 VLBI 觀測，但全世界適合架設次毫米波段望遠鏡的地點並不多，提計畫時便有兩個考量。

　　第一，地點要高，保持足夠的透明度，且大氣穩定乾燥，讓望遠鏡可以長期觀測訊號波長小於 1 毫米的地點有哪些呢？夏威夷的毛納基亞是一個，智利的阿塔卡瑪高原沙漠是另外一個，南極的冰原是第三個。但這些地點都已經有了次毫米波段望遠鏡設施。

　　第二，觀測點要能和次毫米波陣列與阿爾瑪陣列同時連線。換句話說，要能夠在同時間看到同樣的天文目標。這個限制因素，讓新的地點大約是位在地球南、北美洲這地帶。亞洲和澳洲的位置在夏威夷－智利－南極的地球相反面，並不符合我們的條件。

　　架設望遠鏡本身就是一大筆投資，不僅僅是金錢的花費，還有觀測人員、研究人員的時間投入。雖說科學家往往過於樂觀、

不食人間煙火，但基本的投資報酬率還是得考慮的。這跟房地產開發有些類似，它講究的是：「地點！地點！地點！」。

所以選址是天文學家常做的事，這項任務落在當時還是博士後研究員的淺田圭一身上，他跟幾位同事一起忙碌了好一陣子，除了四處詢問可能的架設地點，也調出各地氣象台、美國大氣暨海洋總署、美國太空總署等大型機構幾年來的大氣資訊。

後來，終於鎖定兩個地點：美國阿拉斯加的山上，還有格陵蘭的冰原上。

阿拉斯加的山上是個未開發、沒有道路，更不用談基礎建設的山頭。若要為了天文觀測，大動土木，把原始的山頭改變為天文台，並不是不可能（很多國際大型計畫都是如此），但是我們有自知之明，知道我們的資源做不來。那麼，就只剩下格陵蘭這個地點了。

格陵蘭對亞洲人而言是陌生的冰雪國度。從維基百科上查到的資料：它是世界第一大島，位於北美洲的東北邊延伸出去的一大塊土地。全境大部分的土地處在北極圈裡，百分之八十的土地終年積雪。島民主要是因紐特人以及少數的丹麥和北歐人。雖然面積是台灣的六十倍大，但總人口數才五萬出頭。島內交通主要靠飛機，其次是夏天的船運和冬天的雪橇，各個村落之間沒有公路互通。

天啊！這是什麼樣的地方呢？

我們在找尋格陵蘭冰原的資料時，發現冰原的最高點竟然有美國國科會轄下的「極地計畫室」實驗站分部，站名叫做「峰頂

觀測站」，海拔 3,200 公尺，北緯 76 度，是北極圈裡唯一高海拔、高緯度、全年經常性運轉的觀測站。

　　這個觀測站的位置在一般大氣的邊界層上頭，又遠離人煙，完全不會受到地區性氣候跟環境因素的影響，所以在此可以直接蒐集到亞洲－美洲－北極－歐洲之間大氣層變動的資料。此外，格陵蘭的永凍冰原是科學家研究百萬年來氣候變遷的絕佳素材，探鑽這裡的冰核，可以從成分推論出以前的大氣狀況，得知季節與年代的變化。

　　我們馬上跟對方聯絡，說明我們的身分和意圖，說明未來想把格陵蘭望遠鏡擺到他們附近，並在峰頂觀測站從事天文觀測。峰頂觀測站的團隊了解我們的意圖後，並沒有勸我們打消念頭，反而非常歡迎，還配合我們的需求，提供了當地長期的氣象資料。事實上，他們似乎很好奇該地點是否適合天文觀測，也同意我們即時開始監測大氣。這種自由開放的態度，是科學人可貴之處。

　　決定地點後我們就跟史密松天文台聯絡，希望由台灣負責改裝原型機並送至格陵蘭，史密松天文台則負責把望遠鏡搬到峰頂觀測站。這個工作的分配方式讓中研院和史密松天文台成為對等的夥伴，未來的望遠鏡資源和成果也平分共享。史密松天文台對這個潛力十足的計畫十分感興趣，便聯手提出研究意向表述。

　　中研院天文所雖然判斷峰頂觀測站的大氣透明度應該很穩定，但為了求保險，決定不只是調用歷年氣象資料，而是親自測量。所以，我們在 2010 年底，美國國科會公布結果前，就著手

圖 6-1 位於格陵蘭冰原最高點,美國國科會負責運作的峰頂觀測站。

進行在峰頂觀測站部署「電波輻射儀」的工作。

「電波輻射儀」是一台對著天頂接收電波訊號的接受器,由德國公司「輻射儀物理」(Radiometer Physics GmbH)製造,這家公司經常替天文科學製作和開發一些獨特的元件或是小型儀器,輻射儀就是其中一項,我們用它來確認峰頂觀測站是否適合次毫米波觀測。

為了確認儀器的功能正常,我們 2010 年底拿到輻射儀後,先把這台儀器置放在毛納基亞峰上,量測山頂的大氣透明度。獲得的資料直接與當地的輻射儀比較。待功能確認無誤,而且量測的數據差不多後,才會把它搬往格陵蘭的峰頂觀測站。

平地起波瀾

跟我們同一時間向美國國科會提出申請案的天文機構還有兩個:亞利桑那大學(簡稱「亞大」)的天文台和加州理工學院。亞大是美國的天文研究重鎮,它擁有數個光學跟電波望遠鏡,學校有個專門做大型天文反射鏡的工廠,非常厲害。根據《自然》期刊的報導,亞大天文台希望把原型機搬回靠近亞大的山頭上,加州理工學院則打算把原型機搬運到智利的一個高點。

2011 年 1 月,美國國科會發布消息:在他們審慎評估了所有的研究意向表述後,最終決定將北美阿爾瑪原型機交予台灣使用。

這消息在美國天文界引發了一陣不小的漣漪,大家開始好奇

「為什麼是台灣取得原型機？」沒多久，2 月的《自然》期刊出現了一篇報導 [12]，標題的意思是在質疑「美國國科會做此決定時是否有程序上的瑕疵？」開頭便寫道：「一座不用錢的 12 米電波望遠鏡！最適合從事高解析度、次毫米波天文研究。自己來搬，沒有保固。估計價值：一千到一千五百萬美元。」

根據報導，美國國科會的決定讓亞大團隊相當不悅。他們的團隊負責人質疑這個決策過程是黑箱作業，決策單位和台灣有曖昧的利害關係存在。他們的抗議，甚至讓美國國會的科學、太空、技術委員會們出面關心。

亞大的抱怨主要針對美國國家電波天文台的台長魯國鏞，認為他是幕後黑手。魯國鏞在 2002 年被美國國科會從台灣網羅，任命他為美國國家電波天文台台長，在這期間，他同時也是中研院天文所諮詢委員會的召集人，跟賀曾樸是多年朋友。

而魯國鏞接受《自然》期刊記者的訪談時，坦承中研院天文所的公務關係和賀曾樸的私人友誼。他也說明了在國科會發出研究意向表述的徵求公告之後，他就已向內部表明，為了避嫌，不再參與接下來的評審和決定。

換句話說，這個「交予台灣」的決定完全是由美國國科會所作的，沒有受到私人的影響。

亞大另一個抱怨是：阿爾瑪陣列是由北美、歐洲、日本建造的，為什麼研究意向表述徵求的對象卻包括加拿大跟台灣？並且

12　Eugenie Samuel Reich, "Antenna decision makes waves," Nature, Vol. 470, p. 14, 2011 February 3.

暗示，這是魯國鏞幫助台灣的主要動作。

　　魯國鏞對這種說法的回應是：研究意向表述公告的對象包括「所有北美阿爾瑪的成員」，當然有加拿大和台灣，這決定是美國國科會和美國國家電波天文台內部討論後的結果。考量到北美阿爾瑪陣列計畫下的產品，都是所有夥伴共同出資建造的，那麼徵求研究意向的對象當然要包括所有成員。

　　《自然》期刊報導最後引用一位美國國科會官員說的話：阿爾瑪原型機是交予美國史密松天文台負責管理，所以它還是美國的財產，並非給了外國。報導又說：在研究意向表述裡清楚的說明，中研院天文所將會利用原型機結合 VLBI 的觀測技術來研究 M87 的超大質量黑洞。並指出未來望遠鏡的基地可能是美國國科會轄下的地點：格陵蘭峰頂觀測站。

　　在這段報導之後，其他科學媒體就沒有再追蹤。北美阿爾瑪原型機順利的給了中研院－史密松天文台合作團隊。亞大團隊後來則透過另外的機會，取得歐洲阿爾瑪原型機。

　　這起波瀾到此終於回歸平靜。在台灣的科學界裡，除了我們計畫中的幾個人員以外，其他人對於這件事幾乎不知情，完全沒有激起任何漣漪。

在梁上許願

　　2011 年 8 月，淺田圭一和法國工程師馬伯翔（Pierre Martin-Cocher）飛到了格陵蘭，成功的把電波輻射儀部署在峰頂觀測

圖 6-2　飛到峰頂觀測站一樣要靠美國軍方幫忙，馬伯翔（左）和淺田圭一（右）出發前在飛機前合影。

站，並開始蒐集大氣資料。

　　過了第一個冬季後，從數據判斷出峰頂觀測站非常適合次毫米波觀測。於是，我們找到了望遠鏡的家，並開始稱呼這個計畫為「格陵蘭望遠鏡」計畫。

　　11 月，我們邀請史密松天文台的幾個夥伴和世界各地的黑洞專家學者，在台北召開格陵蘭望遠鏡計畫的初始會議。會議結束後，我們就在台北市仁愛路小巷裡的陝西餐廳聚餐。

圖6-3　淺田圭一剛把電波輻射儀安裝在格陵蘭峰頂觀測站。

　　餐廳氣氛輕鬆，物美價廉，料好實在。大家在餐廳裡頭，喝著牛肉和鴨血的「雙紅鮮湯泡饃」，「歃血為盟」。

　　這家餐廳有個特色，牆壁上除了有幾張舊字畫之外，大部分人手構得到的地方，遍布著客人的留言。各國的文字龍飛鳳舞，當中不乏楷書狂草，應有盡有。在「入境隨俗」的起鬨之下，賀曾樸和史密松天文台的夥伴在橫梁上留下「格陵蘭望遠鏡 2014 年起運，保證。」祈求未來就像牆上的文字，在 2014 年把望遠鏡運到格陵蘭。

　　成功取得阿爾瑪原型機是一件令人振奮的事，這代表美國國

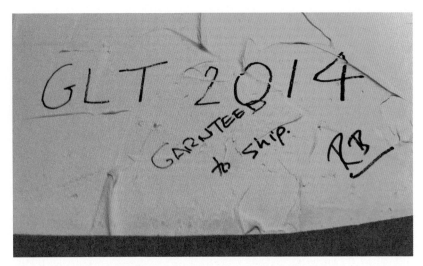

圖 6-4　2011 年，我們團隊在餐廳的橫梁上留下「格陵蘭望遠鏡 2014 年起運，保證」。雖然多少有些開玩笑，但是也顯現出當時士氣高昂。

科會認同我們提出來的科學方向以及願景，也肯定我們過去在天文儀器上的努力，對我們的工程技術有信心，認為我們的能力足夠將原型機做進一步的改裝，增進機器的性能。

　　這件事還有另外的意涵：代表中研院天文所向科學界宣告「我們的計畫將拓展阿爾瑪陣列的 VLBI 能力」，這項挑戰是一種榮譽，也是參與國際合作計畫的承諾，是不能失敗的任務。

　　取得北美阿爾瑪原型機後，我們立刻分頭行事：除了確認輻射儀功能的人馬外，井上允先生在台北訓練科學小組的資料處理和分析能力，另一組人則到了美國新墨西哥州的沙漠，勘查原型機，評估接下來的改裝工作。

拆卸中的北美阿爾瑪原型機。圖片右邊是歐洲阿爾瑪原型機，這台望遠鏡
後來交予美國亞利桑那大學使用，成為基特峰望遠鏡。

　　格陵蘭望遠鏡計畫的工作是由中研院天文所負責：我們必須改裝原型機，再把它運到格陵蘭。但把沙漠中的原型機改裝成可在冰原用的望遠鏡並不是一件小事，更何況我們還不知道望遠鏡經過這幾年的閒置，是否還可以正常運作、是否有什麼問題。接手原型機的第一件工作就是仔細檢查，判斷機器的現況。

　　從 2011 年 4 月起，中研院天文所團隊陸續到新墨西哥州中部的索科羅，動員了台北實驗室所有的技術人員和中科院劉慶堂的團隊，還加上我在夏威夷建立的技術團隊，我們也邀請了原來參與原型機建造的德國廠商、美國國家電波天文台、史密松天文中心的工程人員，一同到特大陣列現場做拆卸前的檢查。

　　這段時間，他們就住在索科羅的鎮上，我除了在夏威夷的辦公室指揮和調度工作流程之外，不時也在索科羅、台北之間飛來飛去。

　　索科羅是個人口不到一萬的沙漠小鎮，鎮裡到處是矮矮胖胖、用泥土砌成的土磚屋，屋子都有拱形的門窗、突出屋外的木梁

圖 7-1　中科院劉慶堂、中研院黃耀德正在雲梯車上檢查原型機的主碟面。

與厚實的土牆，能夠在沙漠中保持室內冬暖夏涼。除了這些土坏式的房子之外，就只有一兩間超市、幾家餐廳。

特大陣列的運轉中心也在索科羅，但是從這裡到特大陣列的據點有八十公里，必須每天開車往返。環視周遭，入眼的總是黃褐色的枯山和低矮的灌木叢，穿插各式各樣的仙人掌；這裡的仙人掌有球狀、珊瑚狀、扇子狀、像米老鼠耳朵的、還有像超級大燭台的，其中巨柱狀的仙人掌甚至能有百年壽命……算一算，這荒漠的仙人掌可能比人還多。

在沙漠環境下工作，溫度變化有如三溫暖：晚上又乾又冷，一瓶水放在車子裡過夜竟然會結冰；但一到了白天太陽正中的時候，變成又熱又乾，流出來的汗一下子就被蒸乾，一不注意就脫水中暑，工作人員總是忙著補充水分。

幾個月下來，還真的查到有幾個元件已經不堪使用。

到了 7 月，我們請德國的望遠鏡廠商根據我們的要求和規格進行評估，看看到底哪些地方需要改裝。

事件視界望遠鏡起跑

2012 年 1 月，我到美國亞利桑那州參加科學研討會，在會場報告「格陵蘭計畫」時，在場的同行大多不看好。有幾個比較熟識的朋友甚至直言：「到格陵蘭太難了，而且建造時程會拖太長，跟不上主流的進展，為何要浪費這些錢呢？」「把那些錢投進我們的計畫中吧，你們不會成功的。別傻了。」

圖 7-2　生長在美國新墨西哥州的巨柱仙人掌。

　　我心想：哪一個計畫不必花錢，哪一個創新的工作沒有風險呢？我們的策略雖然有著高風險，但可能獲得前所未有的成果啊！再說，科學家的責任不就是要探索未知、拓展人類的知識版圖嗎？都還沒有開始「探索」，怎麼就「知道」會失敗呢？而且這次的改裝機會得來不易，如果把經費改投入別人的計畫，不但違背了我們的承諾，也偏離了中研院天文所的方向。

　　在那場研討會的其中一個晚上，多爾曼開了議程之外的討論會，邀請了魯國鏞以及多位次毫米波段望遠鏡的負責人。這個非正式聚會大概是事件視界望遠鏡的第一次工作會議，討論的重點就是智利的阿爾瑪陣列什麼時候會加入事件視界望遠鏡。

　　幾年以前，多爾曼完成了夏威夷次毫米波陣列的系統升級，讓次毫米波陣列不再只是一般的干涉陣列，可以參與 VLBI 觀測。現在，他剛剛獲得美國國科會的經費，並得到阿爾瑪總部的同意，可以開始升級阿爾瑪陣列，估計 2015 年可以完成。屆時，事件視界望遠鏡的功力將會大大的提高。

　　在場的科學家樂見其成，都願意共襄盛舉，非常期待 2015 年事件視界望遠鏡有所突破，說不定能獲得人馬座 A* 的影像。當然，計畫的進展或許不會那麼順利，可能會碰到其他的問題，成功與否，無法預料。

　　唯一可以確定的是，事件視界望遠鏡的團隊正在加速，如果「格陵蘭望遠鏡」想出人頭地，除了做好在 2015 年加入事件視界望遠鏡的準備，也得盡快完成改裝，將視線朝向我們最感興趣的目標 M87*。

時間，就此成為計畫中最大的壓力源。

機器也會怕冷

德國的望遠鏡廠商跟我們討論了幾次細節後，終於在 2012
年 3 月提出改裝專案，我們從他們的改裝專案中發現，「格陵蘭
計畫」的問題主要有兩個：一個是水土不服，另一個是重量太大。

第一個問題，就是氣候。阿爾瑪原型機一開始的設計是配合
高山沙漠的環境，雖然阿塔卡瑪沙漠冬天的溫度可低到零下攝氏
二十至三十度，但格陵蘭冰原峰頂的氣候更為惡劣，冬天溫度可
達到零下攝氏七十度。許多暴露在外的零件，像是負責轉動望遠
鏡的大齒輪，很可能會因低溫而脆化，所以必須換成低溫下不會
脆化的特殊鋼材。

另外，為了保護望遠鏡外部的機箱和設備，必須再做兩個大
機房來放置這些組件。除了碟面要接收訊號，不能阻擋之外，望
遠鏡所有暴露在外的結構體，都必須加上厚厚的一層保溫泡綿。
至於碟面要怎麼處理呢？一旦碟面結冰，望遠鏡就等於完蛋。我
們決定在望遠鏡碟面後方放置加熱器，並且把所有的電器、電子
線路，都換成能夠承受極低溫的材料。

太重也會出問題

第二個問題，就是望遠鏡太重了。改裝後要增加新的機房、

隔熱層，新的線路等等，讓望遠鏡的總重增加，使得望遠鏡原本的機械結構無法承受新增的重量，所以必須再做新的機械結構，同時也要加強支撐結構。然而經過這些改裝後，望遠鏡又會再重上許多。

這些新增加的重量會影響動力伺服系統的功能。動力伺服系統的功用是指揮望遠鏡完成最細微的轉動，因此我們必須非常小心的安排，在望遠鏡上面平衡分配新增的重量，同時想辦法減少不必要的改裝。

冰原上怎麼打地基？

我們粗略的估計，格陵蘭望遠鏡會介於一百至一百五十公噸，這延伸出另一個更為棘手的問題：怎麼讓望遠鏡的基座保持穩定？

玩過高倍率攝影的人或是天文愛好者應該都知道，拍照前必須把儀器架在一個非常穩固的基座上，否則拍不出清晰乾淨的影像。這對望遠鏡來說尤其重要，因為我們的望眼鏡的解析力更高，更為敏感，而它有一百五十公噸重。如何保證這台巨大的「照相機」能夠精準順暢的觀測星星，安置穩固的基座是一大重點。

幫天文望遠鏡安置基座是一件大工程，一般的做法是在地底下找到堅固的岩床，挖個大坑，打下地基，再根據望遠鏡的重量，蓋一個大基座，望遠鏡就架設在基座上。在智利阿塔卡瑪沙

漠上，要找到適合的岩床不是問題；可是到了格陵蘭的冰原，問題就來了，因為冰原下超過兩公里深才有岩床，不太可能把地基打那麼深，只能把地基打在冰原上。

　　整體來看，格陵蘭冰原是一塊幾千公里長、夯實的雪塊，雪塊最厚的地方達三公里。夯實的雪塊的密度比一般的雪原表面高一點，但還是比水的密度低，和我們熟悉的實地比較起來相對鬆軟。此外，冰原隨時都以緩慢的速度移動，估計每天大概移動一至兩毫米。如果你用一台縮時攝影機，每個月拍一張望遠鏡的照片，你就會看到「格陵蘭望遠鏡」像一艘平底船，浮在浩瀚的冰河上，搖啊搖，搖到外婆橋，慢慢的往海邊漂。

　　冰河不可能停止移動，所以我們只好想其他辦法，例如為了增加地基的穩定度，可以做一座大支架埋在雪裡頭。一方面將望遠鏡的重量分散，降低傳到冰原上的重量壓力，另一方面，將這座支架和冰原融合在一起，讓底下的大冰原成為望遠鏡的單一地基。

　　這些衍生出來的工程問題，使得「把望遠鏡從新墨西哥運送到格陵蘭」的計畫不再只是單純的拆裝、運送。現在的情況遠比想像中複雜，整台原型機只剩接收訊號的碟面反射板不必調整，其他的部件都得重新打造，再加上額外的設備，對經費的運用產生極大衝擊。

　　在我先前的工作生涯中，蓋望遠鏡遇到的大大小小困難我都克服了，總是按時達成任務，但是這一次的工作，要面對的問題實在太多、太棘手，內心不禁有些動搖。因此在開工前，我特別

圖 7-3　劉慶堂（黃色工作帽）和李若琪（中科院）正小心翼翼的拆除主碟面的反射面板。照片中部分外圍反射板已經被移除，露出底下的複合材料結構。照片的背景可以看到幾座特大陣列的觀測站。

打了通電話，問了我當時的老闆賀曾樸：「要拆原型機了！一動工下去，我們就不能回頭了，下次再看到望遠鏡就是在格陵蘭了。你確定？」他毫不猶豫的回答說：「當然，開動吧。」

大啖西部沙漠美食

賀曾樸決定拆遷之後，從 2012 年 8 月開始，中研院天文所的夥伴、飛利浦、劉慶堂的團隊、史密松的人員、德國請來的技術顧問，加上幾個當地聘請的技術員，繼續往返索科羅和特大陣列現場，小心翼翼的拆卸這台原型機。

我們的拆裝工作進行還算順利，工作如果碰到問題，像是少了某些特殊工具、零件等等，因為小鎮的資源有限，往往要跟美國國家電波天文台求救，萬一再找不到，就得開兩個小時的車，到新墨西哥州最大的城市阿布奎基去找，順便打打牙祭。

有一次，大夥兒想要品嘗特大陣列當地食物，打算在附近找個地方，結果開了半小時的車，總算在一個小村落發現餐廳。有人點了份牛排，餐廳老闆走進廚房後冒出一陣刺耳巨響，原來是老闆一手扶著冷凍牛肉，一手操著電鋸，鋸下的肉片跟臉盆一樣大，最後端出來的牛排大餐非常物超所值。點漢堡的人也發現，他們面對的是兩塊小麵包夾著兩塊跟餐盤一般大的漢堡肉。

平時養生的飛利浦要嘗鮮，點了素漢堡。老闆說，你運氣好，就剩最後一份。結果吃完之後，只有他鬧了三天的肚子痛。

這就是大口喝酒、大口吃肉的美國西部。

　　到了 2012 年 11 月，望遠鏡已拆了大半，零組件有些要到台灣，有些要到荷蘭，有些到德國，光是這些就裝了七、八個貨櫃，剩下來的工作主要是分拆主結構，裝箱進貨櫃後就可以運送，這時只剩台灣的團隊人員依舊早出晚歸。

　　美國感恩節一大早，賀曾樸打電話來，說訂了一套火雞大餐給大家加菜，包括二十磅的大火雞，還有應時的蔬菜、飲品，要我們在超級市場關門前，到店裡去拿。當我們收工回到鎮上，到處一片冷清，居民大多在家吃大餐、看足球比賽，商店也都早早關門。看看時間，超級市場還沒打烊，今天可以省下做飯的功夫，好好祭祀一下五臟廟。

　　店員把東西打包成幾個大袋，我們隨手拿了就走，雖然下意識覺得有地方不太對勁，但沒多加細想。等回到家打開一看，大家傻眼了。看到的的確是二十磅的熟火雞和一桌豐盛的晚餐，只是火雞還沒解凍！看來這一餐還是得費點功夫才行。

Array

經費困難，導致中研院和史密松的夥伴衝突、冷戰，讓計畫面臨
更大危機……
圖為格陵蘭望遠鏡計畫初期，史密松天文中心和中研院工作人員
在夏威夷希洛辦公室合影。

　　格陵蘭望遠鏡的改裝工程是由台灣主導，按理來說，參與阿爾瑪計畫的另一半經費自然要撥回台灣。但魯國鏞先生在 2012 年卸下美國國家電波天文台台長後，新任台長有些許疑問。

　　還好台灣在加入美國阿爾瑪計畫的協議中，用白紙黑字寫著：台灣的經費可以用在發展對阿爾瑪陣列有利的研究和發展上。所以在溝通之後，新台長接受我們的做法，還寫了一份備忘錄，說明他們同意我方保留八百萬美金的經費。

　　在跟美國國家電波天文台協商的過程中，台灣國科會的承辦單位一開始也不同意，認為這種做法似乎違背國際慣例，擔心得罪美國。為此，賀曾樸再次搬出雙方的協議，並且解釋協議的內涵，費了一番唇舌，才讓台灣國科會放行。

　　當我們保留了經費、拆除了原型機之後，加緊腳步一路往目標前進，團隊開始把注意力聚焦在格陵蘭，研究未來如何在峰頂觀測站建造望遠鏡基地。要解決的問題很多，像是地基、水電、生活、運持等各項必備的設施，但台灣團隊並沒有在寒冷極地建造相關設施的經驗。

　　因此，在美國國科會的引薦下，我們跟美國陸軍工兵團的「寒帶工程研究實驗室」搭上線，一方面跟他們請教在冰原的工程知識，另一方面請他們幫我們研究幫望遠鏡打地基的方法。

　　改裝的狀況一切順利，德國的專業廠商說到做到，無論是改裝或是新造，都在進度內完成；而台灣的中山科學院和協力廠商也不遑相讓，工作品質和進度掌控不亞於德國，而且物美價廉。

　　中山科學院為主碟面反射板安裝了加熱片和隔熱板，也就是

防結冰系統，他們也監督台灣的宗漢企業有限公司設計，並製造出兩個擺設儀器、方便人員作業的防寒機房。我們還請了台灣的中國鋼鐵結構公司幫我們設計、製造新機房的支撐架。在2013 年底，整體進度已經可以讓我們開始往格陵蘭前進。

　　可惜到了 2014 年，餐廳梁上的願望並沒有實現，格陵蘭望遠鏡不但無法起運，反而停在原地踏步。

目標分歧

　　在 2014 年之前，格陵蘭望遠鏡計畫的人力和資源多半是由中研院天文所提供，主要用在評估、改裝。史密松天文台等到望遠鏡改裝工作進行得差不多，即將送往格陵蘭時，開始處理跟美國聯邦政府機關的溝通聯絡，同時向美國國科會和史密松基金會申請經費，準備執行格陵蘭望遠鏡計畫的後半部，像是怎麼送到峰頂觀測站，以及整建峰頂營地。

　　但是他們的經費申請非常不順利，史密松基金會撥下來的經費只有原本計畫的五分之一，連支付現有史密松—格陵蘭團隊在計畫期間的薪資都不夠，更不用說額外聘請專業人員開發冰原上的地基。

　　因為經費不足的關係，史密松天文台的想法變得保守，提出的方案跟中研院天文所的目標有衝突，所以雙方對計畫後半部的執行方向一直無法取得共識。在這樣的情況下，就算望遠鏡組件的改裝和新元件的製作如期完成，也無法決定要送到哪個地方。

這就像是憑空掉下一塊巨大的石頭，擋在兩個團隊之間，弄得大家灰頭土臉。

史密松天文台主張：望遠鏡要在美國本土境內先組裝好，測試沒問題後，再往格陵蘭運送。他們建議台灣團隊先到美國東北部的新罕布夏州集結，那裡離麻州劍橋的總部不遠，他們能就近管理，而且美國本土的人力資源相對充足，碰到困難可以馬上找人解決。

台灣團隊不同意如此的提案，因為新罕布夏州不利於黑洞觀測。

一來是氣候。在美國本土組裝測試，雖然能降低工作上的風險，但是新罕布夏州的氣候條件並不是太理想，非常乾冷的天氣並不多，就算發生，也不見得能落在我們配合事件視界望遠鏡觀測黑洞的日子，所以測試期間不會有任何成果。

二來則在於時間。台灣團隊認為格陵蘭望遠鏡計畫是一個跟時間賽跑的工作，我們過去的投資，就是為了參與次毫米波VLBI 的黑洞觀測。眼看著事件視界望遠鏡的部分團隊已經開始進行黑洞觀測，我們不想落後。然而，黑洞觀測不是我們的合作夥伴——史密松天文台的優先目標，他們感興趣的是超高頻段、短波長的天文觀測，對他們來說時程並不緊迫。

當據點設在新罕布夏州，史密松天文台團隊自然可以直接掌握工程的發展，依照經費多寡來執行對他們的目標有益的工作，等格陵蘭望遠鏡在美國測試完成，台灣團隊參與黑洞觀測的目標不知落後了多少。

　　除了這些不利黑洞觀測的因素之外，台灣團隊本身也得面對經費不足的問題。如果真的在新罕布夏州組裝，這段時間的經費與人力，還是由台灣負責。等到測試沒問題後，中研院天文所的經費可能已經用盡，卻從未參與黑洞觀測。我們不太可能在毫無科學成果的情況下，再繼續申請經費，將望遠鏡搬運到格陵蘭。

　　事情如果繼續發展下去，格陵蘭望遠鏡多半就會改名為新罕布夏望遠鏡，改讓史密松天文台的團隊經營，而台灣團隊先前的努力便前功盡棄。

出現內部壓力

　　但是格陵蘭望遠鏡又並非台灣團隊能獨自完成的計畫，史密松天文台不管在人員或是經費上，規模都遠大於天文所，無論是送望遠鏡上峰頂觀測站或是部署觀測基地，都得靠他們。況且，我們需要透過史密松天文台，才能跟美國聯邦政府或是研究機構對話協調。

　　另一方面，除了格陵蘭望遠鏡計畫，天文所跟史密松天文台還有數個其他計畫正在進行，萬一處理得不好，會連帶影響其他團隊，這也讓天文所的新主管[13]在決策時必須多做考量，使得格陵蘭望遠鏡─台灣團隊受到意想不到的內部壓力，腹背受阻。

　　然而這些壓力跟時間相比，卻又顯得微不足道。眼見過往建

13　賀曾樸由於任期已到，在 2014 年卸下天文所所長一職，由朱有花接任。

立起的優勢，被時間一點一滴侵蝕，一想到幾年來的努力可能會付諸流水，我們著急得像熱鍋上的螞蟻。賀曾樸後來召開了小組會議，在腦力激盪之下，決定找出能讓雙方管理階層接受，又能滿足我們觀測黑洞目標的地點。

在登上冰原峰頂的行程中，望遠鏡必須先抵達格陵蘭西北邊的圖勒空軍基地。這是個美國空軍基地，同時也是登上冰原峰頂的唯一中繼站，除此之外，沒有其他的路徑。圖勒空軍基地雖然地處海平面，但是位於北極圈內，冬天氣候乾冷，在次毫米波段的大氣透明度其實不差，即使比不上峰頂觀測站，卻足以讓格陵蘭望遠鏡參與接下來的黑洞觀測。

我們原先有設想過這個地點，可是我們一直沒有驗證當地的氣候。

再次看向同一個目標

在 2014 年，松下聰樹、淺田圭一，和一位史密松天文台的大氣專家特別針對圖勒地區的大氣特性做成一份研究。評估的結果發現格陵蘭的圖勒空軍基地，正如我們原先所預料，冬天的大氣條件並不差，可以有限度的執行接下來的 EHT 觀測。這是一個好消息。

我們把圖勒天氣研究的報告送到史密松天文台，並提出由第三方評估計畫的可行性，想藉此化解危機。

在天文所和史密松天文台雙方主管的同意下，我們在 2015

年 4 月召開格陵蘭望遠鏡的風險評估會議，由於格陵蘭計畫是由天文所主導，地點就定在台北。我們邀了五位具有公信力的外部學者專家，請他們詳細評估目前的計畫現況和未來發展，好讓雙方主管能決定接下來的方向。

這五位專家都具備電波望遠鏡的建造經驗，或是參與過南極極地望遠鏡的工作計畫，他們是：

1. 麥可伯頓（Michael G. Burton），來自澳洲新南威爾斯大學，參與「南極研究委員會」，是澳洲在南極天文研究的領導人物，在這次風險評估委員會中擔任主席。
2. 羅夫居斯滕（Rolf Guesten），來自德國馬克斯普朗克電波天文研究所，曾參與赫歇耳太空天文台和同溫層紅外線天文台計畫，他負責的阿佩克斯電波望遠鏡和格陵蘭望遠鏡非常相似。
3. 石黑正人，來自日本國家天文台，曾擔任日本阿爾瑪計畫負責人，也是次毫米波陣列的諮詢委員，非常熟悉阿爾瑪陣列和次毫米波陣列的建造過程。
4. 史帝夫帕丁（Steve Padin），來自加州理工學院，曾負責南極望遠鏡和宇宙背景成像器的工程發展，是南極望遠鏡建造的關鍵人物。
5. 楊戟，紫金山天文台台長，當時正在南極執行中國小望遠鏡陣列計畫，已到了建造階段。

為了使評估會議進行的更有效率，在徵求雙方主管和會議委員的同意後，我們列出四項主要評估項目讓委員審查。這四項是：

1. 格陵蘭望遠鏡計畫的改裝工程現況和發展。
2. 格陵蘭望遠鏡計畫的儀器發展現況和發展。
3. 格陵蘭望遠鏡計畫的部署計畫。
4. 格陵蘭望遠鏡計畫的經費、人力現況和未來。

我們也邀了相關人員和主要廠商一同出席，包括天文所參與計畫的全體同事、中山科學院的同仁和德國的電波望遠鏡公司，這樣就能直接在會議中回答委員的提問。於是，天文所的主管朱有花、史密松天文台的主管查爾斯阿爾考克（Charles Alcock）、五位評估委員、相關人等，一連開了兩天緊湊的會議。

天文所的成員輪番上台，詳述過去幾年的工作、流程，目前的現況和預期的進度，我們還報告目前經費的使用情況，可以支持我們搬運到格陵蘭的圖勒空軍基地。在中科院、德國廠商等人的協助下，評估委員的問題都順利獲得解答。

在結論的時候，評估委員一致認為目前格陵蘭望遠鏡的工作已近完整，建議我們不要到新罕布夏州，而應該往格陵蘭圖勒空軍基地部署。他們了解圖勒空軍基地的氣候條件，允許格陵蘭望遠鏡執行部分的天文觀測，前往圖勒能讓我們的計畫在最短的時間，取得最大的科學成果。

　　帕丁認為我們的格陵蘭望遠鏡是個高風險、具挑戰性的計畫，但是它可能的收穫，將是前所未有的，在會議總結時，給我們建言「這是個很適合台灣投入的研究」。居斯滕也表示，歡迎我們到阿佩克斯參觀，他的團隊很樂意協助，讓我們盡快將在圖勒組裝好望遠鏡。我跟楊戟先生半開玩笑的說：「看來我們會比你們，更早在地球極區裡完成望遠鏡。」

　　評估會議開完以後，我帶著委員們探訪「歃血為盟」的餐廳，想讓他們一飽口福、看看我們過去的留言，順道緬懷過去的回憶。結果因為大樓改建，餐廳收掉了。餐廳老闆大概不會特意留下牆上的訊息，這項「證據」看來就此消失。

確立目標

　　風險評估會議打破了長達一年半原地踏步的僵局。雙方主管接受會議的結論，同意格陵蘭望遠鏡依照中研院天文所的規劃，朝圖勒空軍基地前進。這些國際專家對此方向的認同和鼓勵，間接的肯定了台灣團隊過往的努力，使我們重拾信心，而且把原本已經要掉入黑洞的士氣，再度拉回人間。

　　競賽的槍聲響起已經數年，我們如何彌補這段空轉的時間，趕上先驅的選手，是接下來的挑戰。如何將所有的組件集結、裝運；如何在圖勒接船、下港、找地；如何派遣人員、處理極地地區的食、衣、住、行，還有如何應付北極熊等等。千百個細節，萬般的情況，真正的工作即將開始。我們要怎麼在有限的時間

內，完成這千百件的工程、生活細節呢？

與其讓我盯著每個人的進度，倒不如讓團隊中的每個人都了解我們要面對什麼挑戰，我必須要為團隊找到明確的目標。

我找的目標叫做「第一道光」，意思是一座新的望遠鏡第一次偵測到來自太空的訊號。這是建造望遠鏡的工作中最特別的里程碑，那時望遠鏡的所有系統剛剛完成組裝和整合，訊號偵測系統到位、運作正常，但在進入細部調校前，工程人員必須驗證望遠鏡整個系統是否如同預期，唯有看到「第一道光」，才代表望遠鏡能夠正式上戰場。

每週我會固定寄給團隊成員一份簡報，裡面條列一些預期進度和工作現況，我算了算時間，然後在裡頭多加了一項：

「格陵蘭望遠鏡第一道光：2017 年 12 月。」

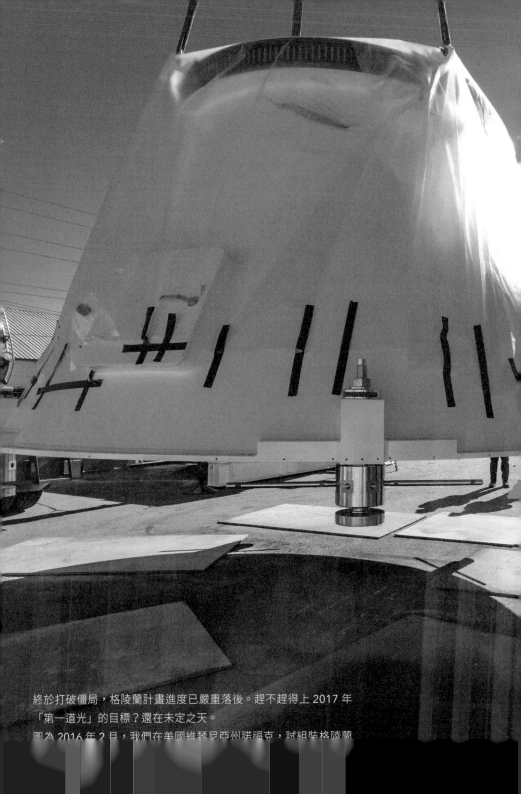

終於打破僵局,格陵蘭計畫進度已嚴重落後。趕不趕得上 2017 年
「第一道光」的目標?還在未定之天。
圖為 2016 年 2 月,我們在美國維琴尼亞州諾福克,試組裝格陵蘭

9

CHAPTER

急起直追

　　開完風險評估會議後，我們趕緊調整格陵蘭團隊的方向，朝著格陵蘭圖勒空軍基地進發。圖勒空軍基地是美國空軍的駐點，想在那邊架設、測試望遠鏡，就必須取得美國軍方的允許。

　　雖然我們從未跟美國軍方打過交道，但按照一般的國際慣例，勢必要通過層層關卡，才能取得一絲絲連繫，所以最好的方法就是靠史密松天文台「打通關」。

　　史密松天文台屬於美國聯邦機構，可以直接跟美國國科會對談，而美國國科會一直有科學計畫在圖勒空軍基地裡執行。因此，跟圖勒空軍基地借場地的任務，就交由史密松天文台負責。如果沒有史密松天文台這個夥伴，我們可能要由台灣的外交部和國防部，透過美國在台協會，向美國的國務院申請，再經過極端複雜的行政程序，才能夠跟圖勒空軍基地商談借地事宜。

　　只有我們借到了地，才能開始集結散布在世界各地的望遠鏡部件，接下來還得組裝、測試，也得訓練相關人員如何在極地裡工作，並且度過極地的冬天，看見「第一道光」。

　　在達成「第一道光」的里程碑之前，要完成的工作有一籮筐，所以我們便將油門踩到底加速，讓計畫中的所有部位動了起來。

重振旗鼓

　　為了加速溝通，史密松天文台指派了提姆諾頓（Tim Norton）參與格陵蘭望遠鏡的工作，他是史密松天文台的資深專

案經理，具有機械工程師的專業背景，熟悉大型工程計畫的運籌流程。提姆是個大塊頭的白人，身材跟美式足球的防守員差不多，站在他旁邊，多少會感覺到壓迫感。

其實提姆除了企劃與經理事務，另一個專長是人際溝通，是個很容易談話的對象，跟他交談沒幾句，就會熟絡成朋友。後來我發現，他比我還更熟識許多台灣團隊的人。在我們後續與美國國科會合作、與軍方溝通聯絡、於諾福克軍港試組裝、安排圖勒基地大大小小的事情，乃至望遠鏡運輸建造等工作，提姆這位「對美」發言人扮演著非常關鍵的角色。

提姆加入我們的團隊後，我們連同美國國科會的「北極研究組」人員，在 2015 年的夏末造訪圖勒空軍基地。即便我們是第一次拜訪，但在美國國科會還有史密松學會這兩面光鮮的科學大旗揮舞下，圖勒空軍基地的指揮官展開雙手歡迎我們進駐。

據我的觀察，現在圖勒空軍基地的運轉步調，應該是比冷戰時期緩慢許多，基地裡感覺不到緊張的氣氛，每天只看到一、兩架軍機起降。在這樣的氣氛之中，或許空軍軍方也期待我們的到來，為當地帶進一些新鮮的人氣。

指揮官讓我們用的地點在基地外圍，是個靠近機場跑道末端的停用機場，據說這個停用機場當年專門拿來停靠載運核彈的 B-52 轟炸機。現在若利用 Google 衛星查看格陵蘭圖勒基地，還能看到我們的望遠鏡。

圖 9-1　利用 Google 衛星可以看到格陵蘭圖勒基地上的望遠鏡。

　　這場先期會議為我們找到安頓的地方，看起來結果令人滿意，可是心中大石仍無法放下，因為我們下一個要面臨的問題便是：要怎麼把望遠鏡送到圖勒？

步步為營

　　格陵蘭望遠鏡經過幾年的改造，已經脫胎換骨，變成一座新的望遠鏡。新的組件包括基座、方位角轉動齒輪、整座望遠鏡的暖通空調系統、12 米的碟盤、次鏡（反射望遠鏡的第二面鏡子）支架、兩個保溫用的機房、二十噸的機房支撐鋼架，還有全新的電力系統、訊號傳遞系統和布線。

　　這座接近全新的格陵蘭望遠鏡已算是個大塊頭，總重量估計高達一百五十公噸。這麼重的貨物，運費自然不可小覷，如果是由空運送到圖勒空軍基地，所耗費的經費將會十分龐大，因此走空運並不是合適的辦法，勢必要走船運。但是，走船運又得克服航運時程的問題，這主要是由於圖勒港地處北極圈，有船班的限制。

　　圖勒空軍基地號稱是地球上最北邊的深水港，就算如此，運補船為了安全起見，只在盛夏海冰最薄的時間才會開到圖勒港，不然船艦在北極海冰中發生鐵達尼事件，或是卡在冰山群中，那就麻煩了。所以從美國開往圖勒的「免費」船班一年只有一班，趕不上這一班就只能下次請早，雖說丹麥也有一年一班的船運機會，但在經費拮据的情況，要付費的就盡量避免。

圖 9-2　格陵蘭望遠鏡結構示意圖。

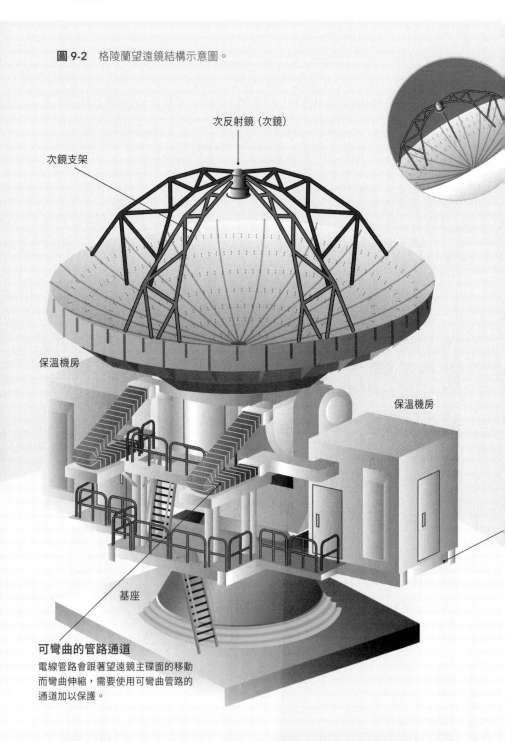

次反射鏡（次鏡）

次鏡支架

保溫機房

保溫機房

基座

可彎曲的管路通道
電線管路會跟著望遠鏡主碟面的移動
而彎曲伸縮，需要使用可彎曲管路的
通道加以保護。

主碟面

最底層是 24 瓣的主鏡結構體，組裝完成後必須先安裝次鏡支架、次反射鏡，最後才能放置碟面反射板。

反射板
薄鐵片
加熱片
隔熱板
複材支撐結構

碟面反射板

一共有 264 片，每一片後方均加裝加熱片。

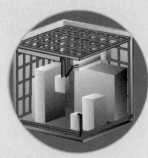

保溫機房

讓接收機等儀器保持在可以運作的溫度。

支撐鋼架

採用低溫鋼，在零下七十度仍不會脆化。兩側合計有二十噸。

基座

望遠鏡全部的電線匯整後，統一送往基座。

　　所幸美國空軍開往圖勒的運補船近年來每次載運的貨物不是太多，船艙還有足夠的空位容納我們的貨品，但啟航的時間大約是在 7 月初。從這個出發時間往前推算，我們的貨物在 6 月中必須打包就定位，也代表 5 月底必須完成望遠鏡所有的改裝工作，而幾項在台灣的貨品必須在 4 月時運到美國，才有辦法趕上這班運補船。

　　算算時間，從 2015 年 11 月至 2016 年 4 月，我們只剩下六個月的時間來集結散布世界各地的望遠鏡組件、執行試組裝、確定改裝的新元件符合我們的設計。我的幾個資深工程師聚在一起討論，實在沒有把握能在六個月內將所有需要的物件整備完畢，上船運到圖勒，因為望遠鏡的試組裝和前置作業是非常重要的工作，不能省略。

　　先前原地踏步了一年，望遠鏡的新組件（無論是已經完成的或接近完成的）都還沒有整合組裝過，如果我們到了圖勒基地才進行第一次組裝，到時要是發現有製造上的問題，解決起來絕對是曠日費時。所以我們決定，必須趁啟程至圖勒之前的這段時間，利用美國本土的工作便利性，試組裝幾項望遠鏡的重要部位，盡量完成一些重要的前置作業，以簡化在圖勒空軍基地的工作流程，降低未來在北極偏遠地區出問題的風險。

　　我們也做了最壞的打算，萬一時間真的來不及，一定要先搬運幾個必要的貨櫃，到格陵蘭過冬。一來，可以測試關鍵組件對低溫的承受度；再來，激勵團隊人員開始設身處地思考問題；其三，宣示我們真的要在格陵蘭架設望遠鏡。不過，情勢萬一如此

發展，那麼 2016 年的工作安排就泡湯了，原本預計的「第一道光」目標要再延遲一年才能實現。這是我們最不想遇見的情況，眾人又開始思考：要怎麼在有限的時間內發揮最大的功效呢？

用空間換時間

從我以往的經驗，當把整個問題的各項邊界條件界定清楚，確立目標及時程後，經團隊充分討論，自然而然就會產生可能的執行方案。在我過去碰到重大困難時，這個方法屢試不爽。畢竟，團隊中各個技術人員的本職專業都比我這個學物理的來得強，無論是細節或是執行，不需我去干擾。

在時程的極端壓力下，逼著我想出一些高風險的做法。接著，我把想法告訴團隊，討論了實際情況之後，我決定用空間換取時間：同時在台灣和美國進行組裝。這也代表我們需要兩組人馬，分頭在兩地執行工作。

確認好空間和人力分配之後，接下來最重要的就是再次檢視工作內容，確定哪些是首要達成的項目，哪些可以先放在一邊。其中也要考慮風險，針對已知的風險預先訂定防範措施，最後明確的將這些資訊告知團隊成員。

我們的首要目標是在 2017 年結束以前偵測到「第一道光」。在那之前，只有兩次的船運可以用來運送大型物件；而在冬天的永夜，氣溫往往低於攝氏零下二、三十度，對工作人員有生命安全的威脅，並不適合長時間待在戶外，所以就算望遠鏡抵達圖

勒，我們也只能在 5 月至 9 月之間集中執行戶外的工作。

在目標、時程、環境的種種限制下，我們定出接下來幾個月必須完成哪些工作，又有哪些可以安排在下個年度。基本上，我們希望在第一次船運的夏天，能夠將望遠鏡的基座搭建起來，並且在入冬之際，利用低溫的環境，在圖勒的廠棚內組裝碟盤主體，以達到要求的精度。預定在第二次船運後的夏天，執行望遠鏡的整體組裝，包括結合新製作的兩側保溫機房、主碟面，以及整合電子儀器等。

在我們確定要分頭進行後，提姆又發揮了他的長才。他不但與美國的諾福克軍港溝通協調，還跟附近的物流中心租了一間廠房和一塊空曠的工地，以做為我們暫時的據點，解決了落腳處的問題。

第二個地點去哪裡找呢？在這個關鍵的時刻，我們長期以來的最佳合作夥伴——中山科學院，提供了另一間「高機密廠房」，這是中科院航空研究所在台中的據點之一，劉慶堂就是在此帶著第二組人馬試組裝甫做好鋼構的支撐鋼架。我們的望遠鏡工作其實算不上什麼機密，機密的是廠房的另一項工作，後來總統為這項機密工作剪綵時，還順便參觀了我們的「非機密」支撐鋼架。

除了結構工程師要設計望遠鏡的支撐鋼架，廠房中還有另外一群人分別忙著不同的工作，有的人員要測試機械組件，並忙著打包送到諾福克港，有的人則得趕製望遠鏡碟面反射板的防結冰系統。防結冰系統是格陵蘭望遠鏡新設計的幾個裝備之一，它的

功能主要是在低溫的環境中，保持碟面反射板的溫度比環境溫度高攝氏一至兩度。

格陵蘭冰原長年處於攝氏零度以下，有可能因外在氣候或是夏天陽光加熱的關係導致水分在望遠鏡的碟面反射板結冰。碟面反射板一旦結冰，會影響到鏡面的精密度，或是造成碟面機構變形，甚至影響接收訊號的能力。這種狀況必須極力避免，但也不需加溫過多，一至兩度左右就有絕佳的效果。因此我們請中科院的工程師設計防結冰系統，這套系統必須在 2016 年就抵達圖勒，到時跟反射板一起安裝在望遠鏡的碟盤上。

接下來幾個月，劉慶堂和幾個帶頭的人員，馬不停蹄的往返諾福克和台中，指揮兩個團隊同時趕工，完成第一批送運組件。

做好啟航前準備

等到所有望遠鏡的組件集結在諾福克的落腳地點，時間已經是 2016 年 1 月底，我們開始試組裝幾項新改裝的望遠鏡物件：台灣做的不鏽鋼樁腳，搭上波蘭做的基座，連接德國送來的新齒輪和負責驅動的馬達，再放置從新墨西哥運來的望遠鏡橫梁，然後在橫梁的兩頭掛上直立的手臂，兩支支臂中間則撐著安置接收機和電子模組的接收機機房。

這些物件都得用起重機吊掛，現場的安全防護除了安全帽之外，還有色彩鮮明的反光背心，一方面是避免物件掉落，另一方面則是避免被物流中心的貨車撞上。兩個多月下來，經過所有同

圖 9-3　格陵蘭望遠鏡試組裝時的花絮，大夥兒正在臨時搭建的工作室休息用午餐，提姆坐在外頭享受美國東岸初春的陽光。

事的齊心協力，我們把接收機機房接到望遠鏡主體上，算是完成當下可以做的試組裝。之後我們還給馬達通了電，讓主體轉了幾圈，一切動作均如預期，讓人安心了不少。

　　試組裝完後還得處理一件麻煩事：組裝完成的望遠鏡對運補船來說太大了，沒辦法直接把整個望遠鏡主體放進去。所以我們像倒帶一樣，再把完成體拆成五大件，分別打包準備運送。

　　克服了地點、運輸等大事之後，再來便是要解決人員在極地趕工、過冬的問題。為此，我們特別聘請熟悉格陵蘭工作環境的專家，到台北跟團隊人員講解極地的工作須知，教導我們從頭到腳的穿著、如何保暖避免凍傷，以及凍傷之後要如何處理。極地教官帶了整箱的禦寒衣，讓我們輪流試穿，體驗在寒冷的環境下，穿著厚重的雪靴、雙層的手套、腫脹的衣物，外加一副大大的防風遮陽臉罩，執行日常的工作。

　　教官還特別設立遇見北極熊的情境課程，教我們判斷對方是好奇、不在意、生氣，或是饑餓；接著說明如何化解情況，甚至自保、避免受到致命傷害。我們也學到一

些有趣的知識：北極熊在夏天的胃口一般不太好，所以只要不去招惹牠們，大概就沒事；到了秋冬之際就要小心，那時牠們可是飢腸轆轆，在海冰層上搜尋牠們最喜歡的獵物——環斑海豹。假若不幸與熊邂逅，不管你是個生不逢時的藝術家、憤世嫉俗的文學家、還是研究黑洞的科學家，在一頭餓熊的眼中，都只是一頓不太可口的點心。

共襄盛舉

國際上的運動、賽車比賽、探險活動，無論是選手、車輛、器具，都能看到知名大廠的商標，格陵蘭望遠鏡是科學界的一項創舉，當然也是展現台灣工藝和品牌的大好舞台，所以我一直有找國內廠商贊助的念頭，這個想法就落實在禦寒衣物上。

跟整個格陵蘭望遠鏡計畫相比，採購禦寒衣物的經費只占了極小部分，但在數目上還是一筆不算小的開銷。幾個同事聽到我想拉贊助，覺得我過於天真，直接的反應就是：「別浪費時間了，沒有公司會贊助你們的！」我猜有些人已經想好了被拒絕的理由：「中研院是國家最高研究機構，研究經費或是研究員薪水由國家支付，花的都是納稅人賺的辛苦錢，怎麼好意思再求民間廠商贊助呢！」

我記憶中沒有前例，也沒有聽過台灣的商業公司會贊助中研院或是科技部的基礎研究計畫。當時我想：最壞的情況就是被拒絕，但若是成功，那就是開了一個先例，接下來就有許多的發展

可能。那麼，為什麼不試試看呢？

我四處打聽了一陣子，後來經由劉慶堂的朋友牽線，獲得了跟歐都納公司見面的機會，歐都納是台灣專門做戶外活動衣物的廠商，董事長程鯤想聽聽我的簡報。

2016 年 5 月底，我們一群人，包括賀曾樸、朱有花，從台北出發到歐都納的台中總部，跟劉慶堂會合，由我向董事長程鯤和他的幕僚介紹整個格陵蘭望遠鏡計畫。在我的簡報裡，特別放了一張同事乘坐 C-130 軍機到格陵蘭峰頂觀測站的照片，照片中除了我的同事外，還能看到綑綁在機艙中間的數十個紅色行李袋，而每個袋子的兩旁都印著明顯的 N 牌商標。我看著董事長，說：「希望未來可以看到歐都納的商標在我們的行李袋上。」

做完了簡報，當場程董沒有多做表示，倒是建議我們到他們附近的門市部逛逛，今天給我們特別折扣，我們也因此先跟歐度納買了幾件登山的衣物。

過了一週，我們收到好消息。歐都納願意無償贊助我們十幾套衣物，包括防風外套、羽絨衣、保暖衫、防風褲、毛褲、毛襪、手套、帽子、行李袋，一應俱全，請我們到他們新店的公司去挑選。我認為這是一個出發到格陵蘭的好預兆。我在感謝程董贊助之餘，也向他答應：我們要攜手向世界展現台灣的精品。

2016 年 5 月底，我們把望遠鏡的所有物件、工具、零件、螺絲，以及辦公用品、微波爐、鍋碗瓢盆、掃把畚箕等等所有想得到、用得到的東西，總共裝滿了十來個貨櫃，再加上格陵蘭望遠鏡的五大件，總重將近兩百公噸。

　　美國軍方把所有的貨櫃一起裝載上船，這艘圖勒補給船在美國國慶日 7 月 4 日當天啟航，一週後抵達圖勒。

　　當我們得知貨品如期送到圖勒，大夥兒都鬆了一口氣，但也知道接下來要面對的是另一項挑戰：在極北之地格陵蘭的工作。

　　提姆和資深工程師喬治尼斯壯（George Nystrom）早就在港口等著，補給船一抵達，他們就帶著一組人卸貨，先把貨品拖運到工作地點，等我們抵達後，就能開始拆卸貨品和組裝望遠鏡。

　　接下來的組裝工作我們並不陌生，但首次的極地之行卻非常新鮮。我們團隊畢竟是第一次到格陵蘭，每個人都戰戰兢兢，準備迎接圖勒的首航經驗，無論是北極圈、冰河、永晝、美軍基地，甚至所要搭乘的 C-17 軍機，都開啟了人生的眼界。

「全球霸王」初體驗

　　C-17 是空軍運輸機，外號「全球霸王」。它固定每週從美國東岸飛往圖勒空軍基地一次，可以用來運送不是太大件的貨物。我們所要坐的就是這班飛機，雖說是「坐」，但軍用運輸機總不會太舒適，為此我們幾個人還特別準備了椅墊。

　　劉慶堂等五人從台灣出發，先搭了二十四小時的飛機抵達美國紐約，又在鄉間小路花了四個小時的車程，才到這個郊區的軍用機場與我會面，一起等待這班凌晨兩點起飛的軍機。

　　我們一行人跟其他三、四十個同機的乘客待在候機室，從晚上八點等到了凌晨一點多，終於開始安全檢查。完成登機手續

後，我們接著搭上營區巴士，在偌大的機場裡繞來繞去。我在黝黑的夜晚看著數不完的軍機，隔了一段時間才抵達我們那台「霸王機」，大家窸窸窣窣下車，魚貫進入這台長相有趣的大鐵鳥。

它的機腹非常靠近地面，機艙門一開，只要架上小樓梯，就可以登機。機艙裡面除了機鼻上方部位的駕駛艙和一間小廁所，其餘的空間都拿來載貨。巨大的內艙號稱可以並排三輛吉普車，能夠載運兩部軍用卡車，或一台 M1 坦克，或三台阿帕契直升機。

我們進去的時候，已經有不少貨品固定在機艙正中間，旅客得找個機艙兩旁的折疊跳座，背靠著機艙，幾近並肩坐著。可以確定的是，伸腳的空間相當充足，上廁所不會打擾到其他的人。

機門關閉，機上的空軍大兵給每人發了一副耳塞，旅客們各就各位，搬出各自準備的助眠招式，一切就緒，等待起飛。

但是半個小時過去，既沒聽到引擎轟隆隆的聲音，也沒感受到機體開始運作的震動。不一會兒，機長廣播宣布，圖勒今天可能刮大風，所以不飛了。天有不測風雲，安全第一，大家只好回候機室領行李。機場人員告知：明天——不，今天晚上同一時間，再到機場集合。

同行的乘客說，有一次更糟糕，飛機起飛了一個小時後又折返，也說是天氣因素。大家皺皺眉頭，聳聳肩，也沒多抱怨。那些熟門熟路的拿到行李，不一會兒就消失在夜幕中，剩下我們六個外國人、十來卡大行李箱，外加幾個歐都納公司送的紅色大防水旅行袋，在人生地不熟的候機室找頭緒。

　　營區外頭的小汽車旅館找不到空房，再遠一點的旅館一樣都是客滿。原來這兩天是美國民主黨在費城辦初選，選舉的活動人員把費城附近的大小旅館都占滿了。

　　最後，我們只能到離機場六十公里遠的普林斯頓小鎮才有地方過夜，鄉下地方叫車非常不方便，櫃檯的阿兵哥在回去睡覺之前，給我幾個專門服務這裡機場的計程車電話。按著順序一家一家的撥電話過去，不是沒人接，不然就是車子太小，或是另有載客，最後才找到一輛中型的包廂車，空間足夠一次搭載我們所有的人和家當，車子的年紀老邁，冷氣不強且五味雜陳，我們一行六人在車上擠了一個小時，到達旅館時的天色已現魚肚白。這一夜真是漫長！

　　跟司機約好了稍晚再來載我們回去，我們幾個有的就在小鎮的飯店裡昏睡，休息了大半天。幾個同事竟然還有精神和體力，一起去參觀附近的普林斯頓大學，嘗試尋找愛因斯坦當時在校園中的足跡。到了晚上，我們再度會合，擠進同一輛車，離開飯店往軍機場開去。

　　這次天公作美，我們順利的起飛，初體驗前後歷時四十八小時，總算告一段落。一想到接下來的幾年，每次搭機都可能要面對類似的狀況，實在讓人不敢期待。

永晝、永夜、酷寒、強風……，這就是我們生活與工作的地方。
圖為圖勒基地附近的海邊，接近午夜時分的陽光。

10
CHAPTER

極北之地

　　2016 年夏季，格陵蘭望遠鏡團隊趕上一年一度的船班，十來個貨櫃運到了格陵蘭圖勒港，提姆和喬治他們很快的把貨櫃裡的東西搬進圖勒空軍基地，就等我們這批工作人員飛抵基地後，馬上投入組裝作業。

　　按照計畫，我們得在永夜來臨前完成所有戶外工作，組裝好基座和主體；一進入永夜便待在室內，組裝、調校主碟面。2017 年的夏季船班會把保溫機房等剩餘部件運送過來，我們必須如期把它們拼裝起來運行，趕在 2017 年底對準夜空，看到「第一道光」。

　　在「第一道光」之後，格陵蘭望遠鏡還需試運轉一段時間，以確認系統穩定、沒有問題，一切順利的話便能加入 EHT，觀測人馬座 A* 和 M87*。在圖勒空軍基地待個三、五年後，我們的史密松天文台夥伴就會把格陵蘭望遠鏡送到峰頂觀測站。

入住空軍基地

　　2016 年 7 月 28 日早晨，我們抵達了圖勒空軍基地。這趟「被運輸」的夜間航程將近七個小時，只能待在怎麼坐都不自在的跳座上，東倒西歪的嘗試最不痛苦的假寐姿勢，結果就是腰痠背痛屁股疼，巴不得快點著陸。

　　飛機停好，大夥兒起身的第一件事就是活動筋骨。我隨著同機的乘客走出「空中霸王」，踏上格陵蘭的土地，夏天的陽光柔和的斜照，迎面吹來的是乾燥涼爽的空氣，大氣吸進一口，令人

精神一振。

　　圖勒空軍基地夏天時並不算太冷，溫度總是在冰點以上。要不是從機場可以看到港口外的點點浮冰，剛來的人大概不會知道這裡已經在北極圈內。

　　我們走進小小的「圖勒入境室」，除了辦入境手續之外，還得聽營區安全軍官的「入營安全簡報」，簡報聽完離開入境室，一眼就看到提姆。提姆站在他的豐田貨卡旁，似乎已經等了很長一段時間，他載著一車子的人和行李，往營區唯一的旅館開去。

　　營區的房子大部分是長條形、屋頂平坦的平房，中間夾雜著幾棟三層樓的公寓，這一大片房舍主要拿來住宿或辦公。環繞在機場旁邊的是幾間非常大的飛機廠棚，據說可以容納美國的B-52轟炸機。營區全都是黃土道路，空氣乾燥，風一吹就掀起一陣沙浪，打得道路旁的每部車子都披上一層黃沙。

　　空軍基地外面就是北極的凍原，除了野生動物以外，沒有居民。基地裡除了一些美國官兵外，大部分是來這邊工作的丹麥人，他們就住在平房裡。這些丹麥人都是一家地方公司的雇員，替美國軍方運持這個基地。基地裡無關機密的大小事務，像是車輛維修、運輸補給、堆高調重、鋪橋造路、做飯買菜、煉油發電、消防醫療、打掃衛生，淨是這群丹麥人在忙。後來我們常常要請他們幫忙，大家一起工作久了，都變成臉書上的朋友。

　　這天雖然剛到圖勒，但是時間還早，大家進了旅館，找到自己的房間，能自由活動一下子，我馬上躺平休息一陣。才過一會兒，劉慶堂已經換上工作服，說要先出發到望遠鏡工地，看看地

基打得怎麼樣。我跟他相處久了，知道他是個急性子的人，二話不說便跟他一起出發。

　　我們心裡都了解，接下來兩個月的時間，目標是搭架望遠鏡的基座與主體，在這個極北之地，一年只有這幾個月可以工作，一到雪季就很難在戶外工作。我們必須把握時間！

傾斜的機場

　　我跟劉慶堂跳上提姆留給我們的貨卡，往工地開去，我們沿著出基地的路，抵達靠近跑道盡頭的一塊方正停機場，約有十個籃球場大小，望遠鏡預計架設在其中一個角落。

　　現場有十幾個貨櫃擺著，幾個大型望遠鏡的組件散布在各個角落，提姆看到我們來，很快的向我們招手，似乎有什麼事，喬治也在現場，正與幾個丹麥人討論。他跟提姆兩個星期前已經先抵達，當下正在準備望遠鏡的地基，只是碰到一個問題。

　　經過測量，喬治發現這片停機場傾斜了大約 3 度，雖然我們設計的基座有調整水平的機制，但是這個傾斜角度遠遠超過基座的設計容許範圍。問了幾個當地人，沒人知道停機場往一邊傾斜的原因。我猜測是為了避免場地積水結冰，但不管如何，我們的望遠鏡不能放在傾斜的地基上。大夥兒一下子沒人說話，陷入沉思。

　　這時，提姆看到我們旁邊的小路一直有車輛、人員進出，發現機場的盡頭正在做跑道翻新工程。他跟喬治提議，或許可以用

柏油鋪出平整的地基。喬治雖然覺得可以試一試，但又擔心柏油的強度不足以支撐望遠鏡的重量。提姆回說，這種柏油專門鋪設給飛機起降的路面，強度應該不差。

紙上談兵並不是好辦法，提姆建議讓大家先去吃中飯，他去打聽材料的狀況，以及哪裡可以找到人來鋪地基，一切等下午再來討論。

中午時分，大家聚在營區唯一的飯廳吃飯，一進入餐廳就看到一大群穿著工作服的丹麥人，坐滿了飯廳的一個角落，而另一邊是一小群穿著迷彩服的空軍官兵，各就各自的群落聚餐聊天。我們是新來的訪客，自成一群，就隨便找地方坐。偶爾會看到幾個全副武裝的健壯士兵，帶著半自動步槍進入餐廳打菜，讓人感覺到肅殺之氣。

餐點的費用並不貴，五美元左右就可以吃一餐。食物任你裝、隨你挑，就怕你吃不飽。美國政府非常重視軍人的生活，所以款式非常豐富，尤其是肉類，牛排、漢堡、豬肋、魚塊，應有盡有，還有生菜沙拉、酪梨、蘋果之類的蔬果，加上蛋糕、咖啡冰淇淋等甜點。想吃丹麥食物的話也有專區，提供黑裸麥吐司、醃漬鯡魚、煙燻鮭魚、煎肉丸、炸燒肉，搭配酸酸甜甜的紫色高麗菜和水煮馬鈴薯。

我先前還在煩惱團隊在寒冷的北極工作要怎麼補充能量，現在實地參訪，看來我不必擔心。

下午，提姆帶來好消息。他說他兩天前在基地裡唯一的酒吧「天頂」（Top of the World）認識跑道翻新工程的負責人，剛剛

去找他，對方聽完我們的困難和想
法，爽快的答應，說很樂意幫這個小
忙，明天一早就能撥出人手。

　　聽到這個好消息，喬治放心不
少，馬上著手計算新地基要做多大
塊，哪邊高、高多少，哪邊低、要
多厚……。

　　隔天早上，真的看到一群人帶著
機具材料，在我們的工地鋪柏油。喬
治在一旁指揮，才一個上午，就做好
了一方黝黑的柏油地基。柏油一邊
高、一邊低，把原本傾斜的地面，
補償成為水平，接著就是等它變得
乾硬。

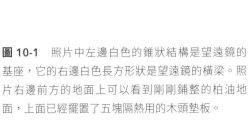

圖 10-1　照片中左邊白色的錐狀結構是望遠鏡的
基座，它的右邊白色長方形狀是望遠鏡的橫梁。照
片右邊前方的地面上可以看到剛剛鋪整的柏油地
面，上面已經擺置了五塊隔熱用的木頭墊板。

圖 10-2　柏油鋪完後，劉慶堂（左）和喬治（右）正在量測地面的水平度。

惱人的北極蚊

　　兩天後，喬治順利的把望遠鏡的基座安置在新的地基上。接下來的工作就輪到劉慶堂上場了，他帶著幾個人一一檢查零組件，該上油的上油、該油漆的油漆。

　　結束後，提姆從圖勒基地找來大型的機具，像在堆積木一樣，層層疊疊，小心翼翼的把這些零組件搭成望遠鏡主體。在我們忙得像螞蟻一樣的這段時間，還得應付兇狠的蚊子。

圖 10-3　安裝格陵蘭望遠鏡的基座。最左邊的是喬治，最右邊的是中科院的工程師馬鈞文。

　　我們到圖勒之前就已經聽過這些北極特有，會在盛夏時出現的蚊子，所以特地準備了防蚊液，戴著有紗網的防蚊帽，手持最強力的電蚊拍。可是當風一停下來，一大群蚊子就嗡嗡的出現，不知道是從哪個地方飛出來，拿著電蚊拍隨手一揮，除了聽到啪啪的聲響之外，還能聞到像是 BBQ 的味道，頗有療癒的功效。

　　離譜的是，我們在工地作業時已經穿得十分厚實，這些蚊子竟然能叮穿工作褲吸食人血，一旦不小心露出皮膚，蚊子更是群起叮之，防不勝防。睡覺時也必須關好紗窗，以免蚊子跑進來。根據一些研究報告的說法，這類北極蚊產下的卵要經過冷凍後才會變成孑孓，近年來全球暖化，使蚊子數量變多，更為肆虐擾人。聽說有小鹿被叮死的紀錄！

圖 10-4　2016 年夏天，格陵蘭圖勒空軍基地。工作人員討論接下來的工作程序。左起：劉慶堂、張書豪、馬鈞文，以及戴著防蚊帽的林仕航。

下班後的休閒娛樂

　　當白天的工作結束，晚餐後我們幾個人不時會到海邊走走，看向大海。夏季的海冰融化，汪洋上除了零星的冰山之外，還能看到永晝的午夜陽光，仔細聽的話，偶爾能聽到遠處傳來冰山崩解的聲響。

　　格陵蘭冰原上落下的新雪，會向下擠壓舊雪，冰原下方的雪因此形成雪塊並向外擴張，到了冰原周圍就會產生我們看到的景象：夯實的雪塊從冰河崩裂出來，成為浮在海面上的冰山。

　　除了看海、看冰山，平常下班後不想動的人會留在房間跟家人視訊，或是看影片；圖勒的網路速度緩慢，倒是讓人能夠靜心閱讀長久以來想看的書籍。想要認識新朋友的就到天頂酒吧，找人聊天。格陵蘭有產紅寶石，勤勞一點的會外出撿些漂亮的石頭，運氣好的話就能找到稀世寶石，再到社區交誼廳用研磨工具做成裝飾品。更積極的會上營區裡的健身房練肌肉，只要攝取充分的蛋白質，再配合全套的健身設備鍛鍊，一定能跟美國大兵一樣，虎背熊腰。

　　圖勒空軍基地裡有個負責營區住民身心健康的單位，時常舉辦各式各樣的活動。平日有瑜珈、飛輪、各式的交叉體能訓練、室內球類比賽。夏季的假日就辦一些大型的活動，像是馬拉松、障礙賽、騎越野車，或是爬爬附近的小山、探索冰河、冰穴，認識這塊土地。

圖 10-5　在圖勒基地的戶外活動的時間，探索基地附近魔幻般的冰穴。

冷戰時期的圖勒基地

　　圖勒的英文是 Thule，源自於兩千多年前的希臘，意思是最北端的土地。以古希臘認知的版圖，Thule 指的大概是現在的挪威；就現代來說，圖勒倒是名副其實的「極北」地方。

　　圖勒港口夾在兩座低緩的小山脈之間，是一片適合蓋機場的平原峽谷；北緯 76 度，北極極點距離這裡只有 1,500 公里，極點過去沒多遠就是蘇聯的軍事基地。美國在冷戰時期看上這個有深水港口的地點，不但大興土木，祕密的蓋了美國最北邊的軍事基地，就近監視蘇聯，而且還部署了核武器。

　　原先一百來個生活在這地區的因紐特人，被遷移到北邊約百來公里外一個新蓋好的部落，所以圖勒空軍基地的周遭除了動物之外，沒有當地居民。[14]

　　基地附近有不少可以探險的地方，只要不靠近那些站著全副武裝美國大兵的場所，其餘的倒沒有什麼禁忌。

　　基地的周遭有幾個廢棄的飛彈發射場，其中一個就在基地邊靠海的山頭上。山頭的周邊還圍繞著以前留下來的鐵絲網，生鏽的鐵網連接著幾個哨站，哨站之密可見當時的戒備森嚴。現在沒人管了，我們可以直接把車開上山頭，進入發射場。

　　山頭上平整的地面並列著兩排鐵板結構，每個結構上大約可

14　有興趣的讀者可上網免費觀看《概觀：藍鴉行動》（*Big Picture: Operation Blue Jay*）。該影片記錄 1950 年代，美國陸軍工兵團如何在北極建立圖勒空軍基地。https://archive.org/details/gov.archives.arc.2569497

以停著一部大型拖掛卡車，生鏽的鐵板上還留著引人注意的黃色斜條紋。這些鐵板結構看起來可以打開，大概就是飛彈的發射口了。飛彈的發射機構其實是建在地底下，從發射口旁邊的通氣井往下看，黑麻麻的，看不到是否還有什麼異物。

飛彈發射口旁邊不遠處有個小房子，進去後發現是通往地底的樓梯間，也是一片黑，打開手電筒走下去，在第一層能找到一個房間的入口，房間除了陰森森外，看不出是做什麼用的。摸著牆壁，順著樓梯再往下走去，一下子就到最底部，靠近牆邊是個低矮的小通道。蹲著向內看去，裡面就剩一個只有人一半高的小房間，其中還有另一個更矮小的開口，似乎通往其他地方。正在納悶這是不是小矮人住的地方時，突然間意識到，我們原來站在冰塊上面。

不知道美軍是不是故意這麼做，整個地底下的空間結構已經被冰封住了，眼前的小通道只是原來入口上部的三分之一，其餘三分之二都在冰層底下。雖然看不出來樓梯是否繼續往下延伸，但可確定的是，飛彈場的探險已經到了盡頭。

我們還去過基地東邊的山頭，開車約十來公里，那裡矗立著另一個大營區。營區裡有兩個大型的白色圓頂建築，外側有個巨大的方形結構物，看不出有窗戶或是出入口，結構物的頂部有一道斜面削過，斜面上規則的布滿幾百個圓形物件。這個建築雖然奇怪，卻散發出無比的威懾感。

這裡是「彈道飛彈預警系統」雷達站。在冷戰時期，美國為了監視蘇聯的洲際導彈，在這孤零零的山頭上設置了一個可以容

圖 10-6   基地附近一個廢棄的飛彈發射場。圖中地面上黃色條紋的覆蓋物就是飛彈發射口。整個飛彈發射機構就在我們的腳下。這是一個陰森肅殺之地。

納上千人的營區，兩個巨大而明顯的白色圓頂，配合超現代建築的基座，在這裡直對北天天際，無時無刻的監視著天空。

當時，蘇聯的洲際彈道飛彈就部署在北極極點的另外一頭，一旦發射，估計在十到二十五分鐘後會抵達美國各個主要城市。聽說這裡的預警雷達可以在美國的防衛系統完全癱瘓之前，搶到十五分鐘的空檔，而這個空檔足夠讓美國發動報復式攻擊，發射所有的核子飛彈，癱瘓蘇聯的系統。

世界的和平表象，便懸繫在這個十幾二十分鐘的恐怖平衡下，令人不寒而慄。

雷達站外面有道懸崖，站在懸崖邊可以看到約莫七、八公里寬的沃斯頓荷姆峽灣。天氣好的時候，遠眺峽灣的盡頭，是四座冰河合併的出口，到了夏天就能看到一片青藍色的海面，從冰河出口延伸到西邊的海灣，海面上散布著大大小小從冰河迸裂出來，雪白的冰山板塊。

圖 10-7　彤雲低垂，遠眺黃昏下的沃斯頓荷姆峽灣。這裡距離圖勒基地不遠，可以看到四座冰河合併的出口，是我們喜歡放風的地方。

冰蟲計畫

　　還有另一個有趣的地方，要沿著出圖勒空軍基地的大路往內陸開，一路上都能看到遠方的格陵蘭冰原橫亙在我們的視野中，最終會到達陸地與冰原的交界處，放眼望去，冰原緩緩上升，直至視力所及的地平線，一片雪白。

　　美國在 1960 年宣稱，要在格陵蘭的冰原上建立一座科學研究站，站名叫做「世紀營地」。他們在這個交界點開發了轉運站，還在附近蓋了一條簡易的機場跑道。大型的貨物空運到這個據點，用履帶拖引車，後面拉著幾個特別設計的載貨大雪橇，就這樣把無數的貨品運上冰原。

　　事實上，當時美國軍方利用建造科學站的名義，暗地裡鑿挖隧道，評估是否有可能在冰原下建造祕密的核彈發射基地。冰原上的工程進行了幾年，美軍最後在 1966 年放棄，大概是發現冰原是個緩慢活動的大雪堆，沒有方法可以預測，也沒有辦法控制冰層的變化，這件幾乎不可能的工程因此宣告終止。

圖10-8　從圖勒基地陸運轉成雪地運輸的轉運點。背景是格陵蘭廣袤的冰原。

　　這件事曾是美國的最高機密,當時還把地主國丹麥矇在鼓裡,一直到 1995 年,這項「冰蟲計畫」才曝光在世人眼前。

　　圖勒,這個冷戰時期遺留下來的活歷史,沉默的存在地球頂端,它透露出一個國家在不安全感的驅策下,願意付出多大的代價。仔細一想,跟「冰蟲計畫」比起來,我們的「瘋狂的點子」實在一點也不瘋狂。

永夜時的室內工作

　　我們到達圖勒基地的第一個月,太陽每天都在天際四周轉圈圈,斜斜的照著我們,到了晚上,陽光轉為溫暖的金黃色,但是日頭就是不會掉到地平線下,我們往往得拉下不透光的窗簾才睡得著。到了 8 月底,太陽開始會落入地平線,起初消失的時間只有幾分鐘,每天慢慢的增加。

　　我們一週工作六天,星期天休息,不休任何假日。由於在諾福克已經有過試組裝的經驗,正式組裝進行得還算順利,在 9 月中就把望遠鏡的主體組裝完成。

　　進入 10 月,每天的陽光只剩下幾個小時,溫度愈來愈低,戶外的工作環境也愈來愈嚴峻。我們轉移到廠棚內,開始組裝格陵蘭望遠鏡最精密的部件:主碟面。

　　主碟面是安置在望遠鏡主體上端的碗狀物,分為碟面反射板和支撐碟面的主鏡結構體。碟面反射板是一層幾近完美的拋物面,由 264 片精密加工過的鋁質反射板組合而成,主鏡結構體則

圖 10-9　半完成的格陵蘭望遠鏡。錐狀基座上的是橫梁，橫梁兩端撐著左右懸臂，兩隻懸臂中間連接著接收機室。橫梁上有伺服馬達，帶動望遠鏡的水平旋轉；懸臂上的馬達則帶動望遠鏡的俯仰動作。

是由 24 瓣精密製造的複合材料結構所組成。

　　由於機械結構會隨著環境溫度的變化產生熱脹冷縮，進而影響拋物面的精確度，所以碟面反射板必須在攝氏零下二十度的環境組裝、校準，就 10 月來說氣溫還不夠低；主鏡結構體雖然也需在低溫下組裝，但剛入冬就可以進行。

　　廠棚內沒有暖氣，溫度一直在攝氏零度以下，跟在冷凍庫裡差不多。我們每個人全身從上到下，頭套、保暖衣、羽絨衣、防風大衣、手套、雙層褲，再加上雙層襪，包得跟熊一樣。儘管如此，每次工作不到一小時，手腳都被凍僵，必須回到保溫的貨櫃屋中取暖。

　　幾個從台灣來的同事發現，身體的寒氣似乎都是從腳底下冒上來，好像地板特別冷。聽他們這麼說，我才回想起夏天請丹麥人挖地基的時候，才往地底下挖深大概半公尺左右，就會碰到堅硬的永凍層。到了冬季，氣溫變冷，加上沒有陽光加熱，永凍層應該更靠近地面。

　　這時才恍然大悟，我們踩在一片大冰塊上工作！夏天穿的工作鞋根本擋不住冬天的寒氣，必須換成更保暖的冬季鞋。

　　提姆是新英格蘭人，知道寒冷的環境要穿什麼樣的鞋子。他趕緊上網到亞馬遜訂購——其實這是軍人的福利，美國為了照顧軍人，就算你遠在北極的圖勒空軍基地，還是收得到亞馬遜的商品。

　　只是網購新鞋子緩不濟急，最後還是靠提姆的面子，到基地的軍事補給單位，要了幾雙美國大兵的極地雪靴（非賣品），才

圖 10-10　廠棚裡沒有暖氣，工作時必須全副武裝。白色弧形的結構物是次反射鏡的支撐架。左起：圖勒空軍基地的雇員金拉森（Kim Larsen），中研院天文所的羅士翔、飛利浦、魏大順，被擋住的是張書豪。

圖 10-11　背景的工作人員準備安裝望遠鏡的主鏡結構體。白色弧形的結構物是次反射鏡的支撐架；前景的提姆正在檢視躺在地面的物件。

讓我們免去「天寒地凍」之苦。

　　到了 10 月中完成組裝，廠棚內的溫度已降到接近攝氏零下二十度。10 月底的某天，太陽完全的消失，進入了永夜。一開始白天最亮的時候就像是太陽剛下山的黃昏，或是破曉之前的時刻，如此再過幾個星期，天色就變成全黑，大概要到 2 月初才能再看到太陽升起。

　　在永夜、酷寒、孤立的環境下長期工作，並不容易適應，生理上接受不到陽光的調節，每天總是覺得沒有睡好；戶外溫度極低，不太能外出閒逛，只好在空餘的時間強迫自己上健身房，鍛鍊想要滋養的肌肉。

　　不過，考量人員的安全和其他的工作安排，在主鏡結構體完成之後，我們就讓成員各自回到溫暖的家。最重要的反射板組裝，將會在明年春天進行。

圖 10-12　完成組裝的望遠鏡主鏡結構體，這時候的結構體還未安裝鋁質反射板。
左起：張松助、羅士翔、魏大順、馬鈞文、飛利浦。

快馬加鞭趕進度的同時，還是需要苦中作樂。
大夥兒在結冰的海面上，進行了一場氣氛火熱
的「冰上掃把球」。
照片中穿紅色外套的是我的同事魏大順。

　　冬天過後，我們再次回到圖勒空軍基地已是 2017 年 4 月初，飛越過冰封的港口，抵達白雪覆蓋著的圖勒機場。圖勒是個乾燥的地方，年降雪量其實不多，地上的雪絕大部分是風從冰原上吹過來的。

　　圖勒的風速世界知名。1972 年 3 月，在基地周邊曾量測到每小時 333 公里的風速，除了龍捲風之外，這是低海拔地區最高的風速紀錄。這項紀錄是在風速計被吹掉之前，儀器所記錄的最後數字。如果風速計沒有壞的話，紀錄一定會更高。這種格陵蘭特有的現象，叫做「katabatic winds」，也就是「下沉風」。

　　下沉風源自格陵蘭高海拔的大冰原。當冰原出現很強烈的輻射冷卻現象時，冰原的表面溫度比它的上空溫度還低，因而形成一層靠近表面的逆溫層，空氣無法對流，冷空氣便不斷的累積。

　　大量高密度的冷空氣聚集在冰原的表面上，受重力影響，沿著冰原的下坡地往低海拔的地區移動。一旦在下游處碰到峽谷地形，就如同河流碰到隘口，速度自然就增強增快；若是剛好海邊進來低氣壓，那就像經過一個高落差的瀑布，從冰原下來的冷空氣如山洪暴發，傾瀉而下。格陵蘭人稱呼這種風為「piteraq」，意思是「具有攻擊性的風」。

　　圖勒空軍基地在秋、冬季常會突然吹起這種風。基地的氣象中心隨時在監視環境周遭的氣象；當起大風的時候，氣象人員會透過所有的對講機，通知所有人要注意，需要外出時，一定要兩兩一對，互相照應；如果風速大到輕度颱風左右，超過時速 65 公里，他們就會發出強風特報，讓所有人要找避難所，並且回報

安全狀況。

有次秋天，我就是因為碰到強風，被關在基地宿舍一整天，狀況比台灣的颱風天更為嚴重，吹的不是雨而是大雪，而且氣溫低於零下三十度。

剪不斷、理還亂

冬季的強風並沒有吹垮望遠鏡的主體和我們的貨櫃屋，工地除了披上一層白雪外，一切都跟我們離開的時候一樣。現在雖然每日幾乎都是白天，但我們還沒打算開始戶外的工作，畢竟氣溫還是太冷。廠棚經過一個冬天，溫度維持在攝氏零下二十度左右，剛好適合我們組裝碟面反射板，這也是今年圖勒開工的第一項工作。

這 264 塊精密加工過的鋁質反射板，是阿爾瑪原型機使用的原始部件，每塊都依照在主碟面上的位置加工，當 264 塊面板依序組合，會形成直徑 12 公尺的拋物面鏡。

剛組成的拋物面鏡不會太平順，必須經過特殊的調校後，才會趨近完美。面板跟面板相接的隙縫，對於接受訊號會產生少許的影響。由於電波訊號的波長比可見光長了許多，因此我們可以忽略這些影響。

我們先前已經在每塊反射板的後面加上一片加熱片，現在的工作是將防結冰的反射板裝上主鏡結構體，最瑣碎的是整理那兩百多組連結加熱片的電線。由於這些電線會暴露在環境溫度下，

所以必須使用特別耐低溫的材料，不僅比一般的材料昂貴，還特別的硬挺。要將它們彎曲、固定位置，按照預計的路徑，穿過主鏡結構體裡面錯綜複雜的空間，處理起來特別的麻煩。

意外的狗橇比賽

正當我們待在「冷凍庫」裡，慢工細活的置放反射板、梳理幾百組電線的時候，一位我們熟識的基地軍官，用車子載了一群大、小朋友，來參觀我們未完成的黑洞望遠鏡。

他們來自附近的格陵蘭人村莊，紅撲撲的雙頰，看起來很像是亞洲的小孩。他們不懂中文，也不太懂英文，我們就用肢體語言，比手畫腳跟他們介紹，過程十分有趣。

我們注意到，這一週基地裡出現了許多因紐特人。

這群因紐特人有著類似東方人的臉孔，身材不如北歐人瘦長高大，也不像美國人虎背熊腰，更沒有穿著丹麥人的工作服，加上出入的時候總是有一群小孩跟著，特別引人矚目。

我們好奇的打聽一下，得知圖勒空軍基地在這個週末有一年一度，定期舉辦的春季慶祝活動，邀請了方圓百里的因紐特人過來參觀、交流。

格陵蘭春季的時候雖然白日變長，但天氣還是相當冷，海冰未融，所以適合駕狗橇旅行和戶外活動。有了海冰這條「高速公路」，因紐特人就能在這段時間拜訪遠方的親友，等到天氣再暖和一點，海冰變薄，那就比較危險了。

　　星期六，我們抽出幾個小時的時間到港口，參觀他們舉辦的狗橇競賽。空中飄著雪花，十來個隊伍聚集在結冰的海面上，上百隻的哈士奇蓄勢待發。在狗橇競賽開始前，他們還辦了一場特別的「冰上掃把球」比賽，看起來像是冰上曲棍球，但球具不太一樣，大家是拿著掃把撥足球。魏大順覺得新奇，也下去比了一場，玩得不亦樂乎。

　　狗橇競賽開始，每一隊由一位駕馭者邀請一位參觀者搭乘同樂。我兩個同事碰到先前來「冷凍庫」參觀的小朋友，大家混熟了，便受邀坐上狗橇。

　　每個隊伍依序出發，分別記錄時間。在眾人的吆喝聲中，駕馭者揮動一條細長的皮鞭，催促十幾隻哈士奇往港口外奔去，狗橇不一會就消失在濛濛的海冰上。

　　過了十來分鐘，開始看到隊伍一一的回來，這時候，可以看到群狗奔騰，雖然衝勁沒有出發時那樣強，但是在主人的鞭策下，每隻狗兒的嘴巴大開，長舌亂甩，口沫橫飛的往終點前進。

　　下了狗橇的同事大呼過癮，興奮不已，只是他們坐上這麼一趟，全身的味道就跟剛跑回來的哈士奇一樣，聞起來像是落水狗。在這場比賽中，冠軍的隊伍獲得了一把全新的來福槍，而我們經歷了一次難得的人生體驗。

圖 **11-1**　2017 年 4 月，參與狗橇競賽的因紐特人。

圖 11-2 2017 年 4 月，格陵蘭圖勒空軍基地海冰上的狗橇競賽。因紐特人會邀請基地人員一同搭乘。照片右邊遠方的黑影是正要返回的隊伍。

惡風驚魂

　　反射板的組裝工作持續了三週，結束後飛利浦帶來一位法國測量師，專門量測與校正反射板的位置。他用一台雷射測距經緯儀量測每一塊反射板，然後非常細膩的調校，足足耗時一個月。

　　接下來就是今年的重頭戲：結合望遠鏡，我們要把調校好的主碟面安置在望遠鏡主體上面。但放置主碟面之前，必須先安裝兩側的保溫機房和它們的支撐結構，不然偌大的主碟面會阻礙機房的吊掛作業。

　　2017 年 7 月初，在台灣設計與製造的兩個保溫防寒工作機房，還有一套全新的機房支撐結構，隨圖勒運補船來到基地，將在圖勒和望遠鏡主體整合。我們先安裝支撐結構，有了之前在台中「祕密廠房」的演練，現場作業相當順利。

　　工作機房有幾十公噸重，在結合時必須使用大型的吊車，不但要有細心的吊車操作人員，現場還需要有經驗的整合工程師。而在召集這些人員之前，必須確保物件之間的鎖定結構吻合一致。雖然我們已經再三驗證工程設計，但本次是這些物件的首次整合，在真正鎖定之前，每個工程師都還是滿緊張的。

　　圖勒空軍基地裡只有一台吊車，在夏天這個戶外工作的旺季裡，基地中有時會出現幾個工程同時需要吊車支援的情形，那時就需要提姆去跟丹麥人「喬」時段，結果我們被安排在星期四，我們特地查了一下天氣預報，那天的天氣不錯，沒有強風預報。

　　星期四一大早，天氣還算晴朗，但是看著旗桿上的美國國旗

不時隨風飄動，總讓我們幾個人覺得心裡毛毛的。一等到吊車出現，我們立即開始吊掛工作機房，不料組裝作業進行到一半的時候，突然從冰原方向刮來一陣惡風。頓時塵土飛揚，把我們的鐵梯鎖鏈、釘錘棧板吹得東倒西歪。有幾個同仁還得跑去撿回一路往機場跑道滾過去的垃圾雜物，避免飛機起降發生危險。

提姆趕過來通知大家，無線電傳來強風警報，接下來會有更強的風，要我們先行避難，我們的安裝作業因此停頓了幾個小時。幸運的是，這陣惡風並沒有延續太久。等風一停，我們回到現場，有驚無險的完成安裝工作，讓人鬆了一口氣。

這一天的經歷讓大家起了戒心，擔心下星期二的主碟面安裝是否會遇到類似的意外強風。這項結構的整合工作不僅需要高空吊掛，還得在高空結合主碟面與主體，一旦風太大，就無法做這麼精密的作業。

負責主碟面吊掛的喬治特別注意天氣預報，到了星期六，他判斷接下來的星期一更適合作業，幾個工程師也同意他的看法，決定提前一天吊掛主碟面。

這個臨時的改變，讓提姆忙著去聯絡，請求派工人員讓我們提早一天，而我得分頭去通知台灣的團隊，請他們取消星期日的休假，先加班鎖上主鏡結構體外側的蓋板，並準備隔日的吊掛工作。

望遠鏡組裝完成

　　7月24號星期一，節氣剛剛進入大暑，是一年中最熱的時刻，圖勒早晨的溫度是攝氏四度。天氣晴朗無風，這是個好預兆。

　　我們先把主碟面從廠棚拖出，這時一台墨綠色的大吊車已在外頭準備。為了這個場合，喬治和劉慶堂一同設計、製造了一組十字型的黃色大吊具，它不僅能分散主碟面的重量，而且能讓主碟面能夠保持水平。

　　利用這組吊具，吊車將主碟面移放到一台低平板的紅色卡車，再由卡車以步行的速度，開過圖勒機場跑道，抵達望遠鏡工地現場。

　　這個時候，墨綠大吊車已經移動到現場待命。等一切準備妥當，喬治站在一台升降機上指揮全局，只見吊車先拉起黃色十字吊具，搭上主碟面，緩緩的將主碟面拉上天際。我們幾個在地面上的工作人員，拉著幾條綁在主碟面上的纜繩，幫忙穩定主碟面在半空中的位置，再配合吊車的動作，緩慢而穩定的將主碟面移到望遠鏡主體的正上方。飛利浦、劉慶堂帶著幾個人，分別在接收機

圖 11-3　2017 年 7 月,我們小心的運送格陵蘭望遠鏡的主碟面,紅色卡車的速度跟人走路一樣快,我就在卡車前面領路。

圖 11-4　2017 年 7 月，格陵蘭圖勒空軍基地，正在安裝主碟面的格陵蘭望遠鏡。右邊前景是來圖勒幫我們拍紀錄片的導演兼攝影，徐建國。中間靠左穿紅色上衣的

機房的裡面與外側，以目視方式判斷主碟面是否到達安裝位置。

　　早上剛過十點，空氣穩定，幾乎感覺不到任何氣流；氣氛緊張，大夥兒幾近停止呼吸。當一切細節達到定位，「三、二、一、下！」主碟面穩穩的連接望遠鏡上端的定位鞘，周圍的工作人員馬上鎖定連結碟面的介面，彷彿完成了一場太空梭搭接上太空站的過程。

　　當晚，我們邀集了所有的工作人員，還有幫忙過我們的丹麥人、基地軍官、德國廠商，一同在宿舍開披薩慶功宴。

　　這一天確實值得慶祝，因為我們設置了北極圈內的第一座次毫米波望遠鏡。格陵蘭望遠鏡自 2012 年，從新墨西哥乾燥炎熱的沙漠環境，拆解運送至全世界各地加工、改造、整理，歷時五年，由原本的阿爾瑪望遠鏡原型機，改頭換面成為適應北極氣候的格陵蘭望遠鏡，第一次重新組裝呈現在世人面前。這件原本被認為接近狂妄、做夢式的提案，終於變成一件看得見、摸得到的實物。

圖 11-5　2017 年 7 月，部分團隊人員跟完成碟面組裝的格陵蘭望遠鏡合影。

裝血管、安神經

　　格陵蘭望遠鏡的主體結合完成，代表已經有了「骨骼」和「肌肉」，緊接著是幫它安裝「血管」和「神經」，也就是電力、電信，與控制系統。這部分主要是在望遠鏡的機械結構中，布置將近一千組各式各樣的電力和電信線路。除此之外，望遠鏡還需要一整套的暖通空調系統，以維持在酷寒環境下運作的能力。

　　我們的團隊比較缺乏這部分工作的實作經驗，所以我在三年前就開始訓練布線小組，還在 2017 年初，特別帶著小組負責人跑了一趟智利，實地觀摩阿爾瑪陣列和阿佩克斯的電力系統。這些演練和準備，使得接下來的布線工作，順利在一個半月的時間完成。

　　完成了這些安裝後，望遠鏡的整個工作系統大致底定，這時才能進行控制系統的最後調校，以確定指揮望遠鏡的伺服系統能夠達到設計的要求。譬如說，望遠鏡是否可以從一個指向，依照我們要的速度，轉動到另一個指向；它是否能夠在某個風速下，完成某些動作。這個過程，就是不斷的測試望遠鏡的動作是否能以預期的方式完成。

　　做完一整套的測試後，格陵蘭望遠鏡已經具備精確的指向與移動能力、有一個 12 公尺的大光圈（主碟面）、一套調整焦距的光學系統（拋物面，外加次反射鏡），但是還缺一個類似相機裡用來感光的影像感應器，也就是電波接收機。由於材料的物理性質，一般的影像感應器跟我們的眼睛一樣，無法「看見」

電波，但電波接收機是用低溫超導材料製作，對毫米波和次毫米波的訊號非常敏感。也因此，這樣子的接收機會包含一具溫度為 4 K 的冷凍箱，專門提供極冷的低溫環境，而低溫超導偵測元件和一些配件，就位在冷凍箱最冷的地方。冷凍箱會提供外來訊號的入口，引導訊號打到偵測器上。

安裝了電波接收機，整個建造計劃中的工程部分總算大功告成。接著，就是「訓練」望遠鏡如何看星星。當我們第一次指揮望遠鏡，收到外太空傳來的訊號，就稱為望遠鏡的「第一道光」。

熊出沒注意

在 9 月初的某天，有一頭麝香牛死在離我們望遠鏡大約八公里的野外，屍體引來了一群飢腸轆轆的動物，有狐狸、烏鴉、還有一頭北極熊。圖勒附近並沒有海豹、海狗的蹤跡，因此不常看到以這些動物為食的北極熊。這個消息傳回營區後，幾個好奇大膽的人忍不住就開著車子，小心翼翼的到現場看熱鬧，大老遠就看到熊老大以它的身材優勢，占著牛排大餐獨自享受。基於安全起見，看熱鬧的人都被「勸導」回基地裡，只留下安全人員，遠遠的監視熊的動向。

隔天要上工之前，我們聽到消息，那頭熊昨夜在基地周圍遊蕩，後來被趕回山區裡。我們心想：格陵蘭望遠鏡的位置接近基地外圍，如果北極熊趁著暗黑的天色，從望遠鏡據點進入基地，我們不就首當其衝，成為熊世界「台灣餐廳」的外帶櫃檯嗎？

熊腳印

圖 11-6 雪地上清晰的熊腳印，證實昨晚我們差點變成熊的宵夜。

　　我們抵達望遠鏡地點後，刻意尋找可以辨認的足跡。果然不出所料，昨夜熊老大真的在望遠鏡的周遭散步，它的一列腳印，明顯的印在潔白的雪地上。從腳印的走向，看來最後是往遠處的山區走去。

　　這一天，每個人的工作都不是太專心，常常會朝著遠處瞄個幾眼。

　　第三天早上，熊出現了。基地的警報大作：「基地全員注意，從現在開始，營區進入『Technical Delta』。我重複：現在開始，營區進入『Technical Delta』。」

　　圖勒空軍基地每個房屋都有廣播系統，外出的工作人員也都會配戴著一隻基地電話，當有特別狀況時，基地的安全部門就會透過廣播和電話，通知所有在室內、室外的人員。「Technical Delta」是營區裡的一個警報，代表有北極熊出現在基地裡，聽到這個警報的時候，所有的人必須進入安全的地點，在警報解除前，不得外出。在入境圖勒基地的時候，安全軍官一定會向來訪者說明這些資訊。

　　或許是語言上的障礙，或許是忘了開機，我們的電力小組成員，想說吃飯時間到了，車子開著就往餐廳過去，一時之間也沒有發覺路上根本沒有行人車輛。等停好了車，走進餐廳，廚師看到他們，吃驚的問說：「你們怎麼過來的？你們不知道現在是『熊出沒』警報嗎？」一邊說著，一邊拉著他們到後面廚房的窗口。不看還好，一看嚇出一身冷汗：一頭巨大的北極熊，正趴在離廚房門口不遠的地方。

過了一會兒，基地的安全人員開著三部大車，慢慢的把這頭熊再次趕出基地。可是接連幾天，牠依然屢次回到基地，讓基地不時響起熊出沒警報。最後，為了人員安全，只好槍殺這頭不幸的北極熊。至於台灣成員差一點演出「與熊邂逅」的事件，後來被編入安全簡報的負面案例。

但願人長久

每年的 9 月 15 日至翌年的 5 月 15 日，是圖勒空軍基地的風暴季節，一般的工程計畫會在這期間暫停，等到明年再繼續。這時基地裡沒有什麼活動，餐廳進出的人員也愈來愈零散。進入 10 月，白日愈來愈短，但我們的時程壓力愈來愈大。

中秋節前兩週，望遠鏡的電力、電信，與暖通空調系統一切就緒，接著由德國望遠鏡廠商的工程師接手，為望遠鏡的控制系統做最終的細部調校測試。

德國工程師的調校工作進行得並不順利。他每天待在望遠鏡的機房內，工作超過十二個小時，三不五時就與德國公司的同事聯絡，可是望遠鏡的動作和反應仍然不如預期。我們雖然想幫助他解決問題，不過這一部分的工作實在超出我們的知識與能力。原本他計畫在中秋節前完成份內工作，由另一位工程師接手，但是看起來，他還得繼續留在這個「冰庫」基地。

中秋節的時候，我的台灣同事大部分回台北與家人團圓，只有我和法國工程師馬伯翔，還有史密松天文中心的尼梅許帕特爾

圖 11-7　千里共嬋娟。2017 年圖勒港口的中秋明月。

（Nimesh Patel），在圖勒支援這項工作。馬伯翔是電子工程師，在此支援電力與電信的突發狀況；尼梅許是印裔的美國人，也是電波天文學家，另兼格陵蘭望遠鏡的控制工程師。這兩位都是從建造次毫米波陣列就一起工作的夥伴。

旗子就在眼前

到了 10 月底，德國工程師的工作總算完成，比預計進度遲了兩週。當我們開始安裝電波接收機時，時間已經接近 11 月中。永夜時分的早晨總是很難起床，好像都睡不飽，到了中午，天空也只能看到一點點亮光，戶外的溫度則是在攝氏零下十幾二十來度打轉。

負責安裝電波接收機的是天文所的韓之強、魏大順、張書豪。韓之強是從阿米巴陣列計畫培養出來的研究技師，本行是醫學工程，現在則是電波接收機工程師。他製作的接收機除了安裝在格陵蘭望遠鏡之外，還安裝在次毫米波陣列、阿米巴陣列，和麥斯威爾望遠鏡。

來圖勒之前，他已經先把這台電波接收機試安裝在夏威夷的麥斯威爾望遠鏡上，並且試著進行天文觀測，演練非常成功，證實接收機的功能正常。因為這幾個月來接收機都處於「熱待機」狀態，幫我們的團隊減少了不少測試時間。

魏大順的專長是機械，張書豪則是電機。這兩位的頭銜雖然掛技術助理，其實是跟著我從次毫米波陣列開始做起的老手，經

歷過天文所的大小陣仗，具備各種實作經驗。在天文所裡，這兩位的手下功夫，無人能出其右，要不是在中研院講究學位和論文數，他們這些技師級人物的位階應該更高。

我們同時進行接收機的安裝，和其他需要收尾的細部工程。為了趕在年底之前偵測到「第一道光」，我們多次冒著零下二十度的低溫在戶外工作。終於在一個月內，把接收機跟與望遠鏡整合在一起。

接著，格陵蘭望遠鏡即將接受「第一道光」測試，驗證它是否具有精確的全天際指向、追蹤、偵測並記錄次毫米電波的能力。

2017 年的冬天，格陵蘭望遠鏡仰望宇宙，迎來了第一道光。

12

CHAPTER

第
一
道
光

　　整合好接收機與望遠鏡後，接下來要面對的工作是：一、調校望遠鏡的焦點；特別是次反射鏡和接收機的位置，目的是使外來的訊號能夠準確的聚焦在接收機的偵測器上。二、驗證望遠鏡的指向系統；望遠鏡的指向決定視野中可以觀測到的物體，換句話說，如果指向系統不夠精準，望遠鏡根本無法觀測到星星，更不必談研究工作。三、電波訊號非可見光，無法直接以肉眼估計訊號位置和強度，因此必須驗證訊號接收系統是否正確的記錄資料。

　　為了調校與驗證系統，我們在南邊的小山上，架設了一個電波訊號源，朝著望遠鏡發出人造訊號，專門供望遠鏡的測試使用，我們稱它為「信標」。

　　望遠鏡會先偵測信標，從得到的訊號中，我們可以知道望遠鏡指向的誤差大約有多少，以及訊號的強度是不是合理。觀測人員根據這些資料，手動調整儀器的參數和狀態。等這一步完成後，接著我們會嘗試觀測一個比較大的星體——月球。

　　月球經過太陽照射，表面會升溫，有溫度的物體自然就會有輻射產生，所以月球的表面溫度讓它成為一個明顯的電波輻射源。由於月球是個會動的星體，如果望遠鏡能夠偵測到月球，代表它具有偵測電波和追星功能，接下來可以正式進行天文觀測。而這也是格陵蘭望遠鏡的「第一道光」任務。

　　2017 年 12 月初，由松下聰樹帶領的天文觀測專家團隊輪班進場熟悉情況，等接收機安置妥當，望遠鏡的操控就交由他們負責。松下的經驗十分豐富，他還是博士後研究員的時候就已參與

次毫米波望遠鏡的初始測試，後來又在智利花了一年的時間，參
與阿爾瑪陣列的初始工作。

　　過了兩週，時間進入耶誕節假期，圖勒的望遠鏡現場只剩下
松下聰樹和博士後研究員郭駿毅留守。兩人在 12 月 25 日早上完
成格陵蘭望遠鏡的「第一道光」測試，成功偵測到月球的表面溫
度，達成兩年半以來最重要的里程碑。

　　松下即刻把這個大消息用電子郵件傳給我們每一個人，彼此
互相恭喜、感謝的文字源源不斷。正當每個人感覺幾年來的重
擔，似乎慢慢減輕的時候，古人的智慧再一次提醒我們：福禍相
倚，事情不要高興的太早。

遭祝融的耶誕節

　　耶誕節當天下午，松下傳出另一封電子郵件。信裡回報，望
遠鏡接收機機房溫度高得異常，並且裡面充滿刺鼻的異味，雖然
現在沒有起火，但是判斷曾經發生過燃燒事件。當時位在夏威夷
家中的我，腦海裡浮現出電影《阿波羅 13 號》的畫面，穿著太
空衣的松下，對著麥克風說：「休士頓，我們碰到一個麻煩。」
（Houston, we have a problem.）

　　郭駿毅進一步檢查，發現機房內的暖通空調系統確實有起火
的痕跡，但是暫時還不知道起火的源頭在哪，也不知道原因是
什麼。

　　格陵蘭望遠鏡的暖通空調系統，是由德國望遠鏡廠商負責，

委託智利公司安裝，過去運轉了兩個月，並沒有發現什麼問題。我們的團隊人員知道空調系統的運作方式和操作步驟，能應付日常工作遇到的狀況，但是目前的危機超出我們能夠處理的範圍，所以趕忙跟德國望遠鏡廠商、智利公司聯絡，找尋解決這個危機的方案。

剛剛吃完耶誕大餐的智利廠商專員，克萊門地（Clemente Chappuseau）很快就連上視訊會議，跟我們幾個分布在世界各地的人員一同了解狀況，接著引導松下和郭駿毅在現場檢查和測試。松下和郭駿毅雖然不是技術員出身，但是在克萊門地查普梭歐的指導下，經歷了一堂電子實作的試驗，經過四天的摸索、討論，終於化解了危機。

原來安裝在機房裡的溫度感測器脫落了，造成空調系統感測不到實際的溫度。錯誤的溫度讀值讓系統不斷的加溫，使得空調系統外層的保溫泡棉因高溫而起火。

看來現實世界發生的事還是有比想像更精采刺激的情況。

觀測彩排

「第一道光」觀測的是距離近、相對大的月球，能偵測到並不代表能看到相對小的星星。一般來說，新的電波望遠鏡在完成「第一道光」之後，接下來需要一段長時間的試運轉。

試運轉在技術上十分困難，因為望遠鏡的視野非常小。格陵蘭望遠鏡的主碟面直徑雖然有 12 米，但是它的視野比一個弧分

還小。那有多小呢？那大概是比滿月小一百倍。舉例來說，將格陵蘭望遠鏡瞄準木星，如果望遠鏡的指向系統不夠精準，就算實際看到的位置只偏差了幾個弧分，它還是錯過了木星的位置。

　　所以，我們會嘗試觀測在天空中看起來比月球小的星體，例如木星、土星這類型的大行星，藉此更精準的控制望遠鏡的指向。接著再長期的追蹤觀測這些星體，驗證望遠鏡追蹤星體的能力和穩定性。

　　如果望遠鏡的指向和追蹤的能力不夠精準，那麼我們有可能會找不到星體，或是無法長期觀測同一個目標。觀測人員必須不斷調整望遠鏡的各項參數，嘗試一些技術性與科學性的觀測，收取初步的資料，以判斷機器的運轉功能，反覆實驗之後，望遠鏡系統才能穩定下來。

　　這些測試驗證的工作需要耗費不少時間，但是 EHT 的黑洞觀測日期已經預定在 2018 年的 4 月中旬舉行，並在 1 月底先安排了一次「觀測彩排」，加強各個天文台 VLBI 的執行經驗。為了參加這次彩排，我們沒有那麼長的時間讓松下慢慢的調整。

　　從開始試運轉到彩排，時間只有一個月，時程緊迫的令人窒息。但是我們了解，這是難得的機會，對我們來說，與其說是「觀測彩排」，更像是格陵蘭望遠鏡加入 EHT 的「試鏡」。

　　此時輪到井上允的學生淺田圭一出場。井上允在一年前因為年資已到，不得不退休，改由淺田圭一擔任計畫科學家，總管相關的科學事務。淺田在之前幾年帶著已經帶過一群天文學家，使用夏威夷的麥斯威爾望遠鏡和次毫米波陣列參與 EHT 觀測。這

些經驗，讓他能以最快的速度建立起格陵蘭
望遠鏡執行 VLBI 觀測的能力。

　　淺田、我，劉冠宇、西岡宏朗，以及尼
梅許帕特爾，在彩排的兩天中，按照 EHT
的計畫步驟，一步一步的執行天文觀測、記
錄收到的訊號。完成後，將儲存觀測資料
的硬碟，寄到 EHT 的資料中心。在分析處
理後，我們在 2 月中收到令人興奮的消息，
格陵蘭望遠鏡成功與智利的阿爾瑪陣列連
線，獲得干涉訊號，也就是說，我們通過
「試鏡」。

　　這則大好的消息也激勵了 EHT 團隊，
因為格陵蘭望遠鏡這個重要的觀測站，可以
正式加入 2018 年的 EHT 觀測。

圖 12-1　完成彩排後，在格陵蘭望遠鏡控制室的合影。
左起：我、尼梅許帕特爾、劉冠宇、淺田圭一、西岡宏朗。

完美同步的交響曲

　　為了完美模擬出大口徑望遠鏡的觀測效果，EHT 所執行的
VLBI 觀測有一項重要條件：所有的望遠鏡必須同步動作。然而，
這條件並不容易做到。

　　如果將一台電波望遠鏡的運作想像成指揮一組交響樂團，望
遠鏡各個接受訊號的電子模組就是組成樂團的不同樂器，有管
弦、木管，銅管、打擊等等，各自負責樂曲的不同聲部。這些不
同聲部必須依靠樂團指揮的動作，訂定樂曲進行的節奏步調，才
能順利組成一首完美的交響曲。

　　同樣的，想要讓電波望遠鏡成功的接收到訊號，望遠鏡系統
中不同工作性質的模組就必須要能夠同步工作，而時間同步的準
確度跟接收訊號的頻率有直接的關係。譬如說，要偵測一百萬赫
茲（1 MHz）的電波，那麼望遠鏡裡的指揮就就要在一秒內揮動
一百萬下，每一下都準確無誤的指揮所有相關的電子模組；如果
是要偵測十億赫茲（1 GHz）的訊號，當然就需要每秒揮動十億
下的精確度。

　　這個指揮，通常就是一台非常穩定的高頻訊號源。它的訊號
會透過光纖或是電路，分別傳遞到望遠鏡的各個電子模組，當成
同步訊號的參考源。每個模組就依賴這個訊號，各自執行需要的
動作。

　　雖說機器不會疲倦，但終究有極限。指揮棒揮得不夠精確，
或是望遠鏡各個模組跟不上，沒辦法同步，那這首「電子交響

樂」就混亂了，雜音出現，不成曲調，喪失偵測外來訊號的
能力。

　　次毫米波望遠鏡所要求的精準度是高於每秒一兆下。電波專
家和工程師們在這方面奮鬥了許久，一直到 1990 年代才克服困
難，製作出高頻率的訊號源。這也是為什麼次毫米干涉陣列等到
二十一世紀才完成。

　　次毫米干涉陣列的同步機制比單一次毫米波望遠鏡更加複
雜。對一組干涉陣列來說，不僅每一座望遠鏡本身必須精準同
步，各座望遠鏡之間一樣要接受同一個指揮的控制。

　　也就是說，同一個指揮要同時掌控數個位在不同地點的樂
團。以夏威夷的次毫米波陣列為例，在陣列裡有一個訊號中心，
負責產生精準的高頻率訊號，透過埋在地底下的光纖，傳到每一
座次毫米波望遠鏡上，讓每座機器同步運作。

　　新墨西哥州的極大陣列和智利的阿爾瑪陣列用的也是類似的
方法，它們地底下的光纖一直延伸到幾十公里外的周邊地區。

　　VLBI 的陣列橫跨幾百、幾千公里，使用光纖傳遞同步訊號
並不實際，所以採用一種可以精確計時的「邁射」原子鐘。邁射
原子鐘一台價值二、三十萬美金，是非常準時的時鐘，每一台都
能夠產生一致的高頻率訊號，保證每一台 VLBI 望遠鏡的所有功
能，都能夠按照精準的節奏一同操作。

　　EHT 的每一個基地站都必須配備一台這樣的原子鐘。雖然
它們不是「同一個」指揮，卻能提供完全「相同」的節奏。之前
南極望遠鏡在 2015 年準備加入 EHT 的時候，因為經費不足，

缺少一台邁射原子鐘，我們就先把自己的原子鐘出借給南極望遠鏡。現在擺在我們保溫貨櫃屋裡的原子鐘，則是 EHT 用後來的經費購買的。

格陵蘭望遠鏡的指揮已經就位，通過了「試鏡」，再來便是依照計畫，在 4 月的時候一同加入演奏。

媒體來訪

在 4 月的同步觀測開始之前，圖勒空軍基地來了兩位特別的訪客：電視主持人舒夢蘭和同行的攝影師陳一松。

早在 2017 年 11 月，我們還在為第一道光努力時，舒夢蘭就主動跟我們聯絡，想要採訪格陵蘭望遠鏡。舒夢蘭曾在 2013 年到夏威夷採訪過我，她的兩人團隊為毛納基亞峰和次毫米波陣列做了一段節目，還在台灣的有線頻道播放過。

仔細一想，似乎從次毫米波陣列開始，到目前的格陵蘭望遠鏡，每當計畫進行到開始運轉的階段，我的任務就轉換成計畫的「公關」，專門負責應對媒體。

我接到她的電話時其實滿訝異，問她怎麼會注意到格陵蘭望遠鏡計畫。她回說，上一次在夏威夷的時候，我已經跟她提過，還請她如果有機會的話一定要做個專題，去年她從雜誌上得知我們已經登陸格陵蘭，當然不能錯過這個到北極採訪的機會。

於是，這場四年前就答應的採訪決定在觀測黑洞的這一段時間進行。

　　為了原汁原味呈現我們在格陵蘭的工作過程，我跟她約在巴爾的摩機場見面，跟我們一群人一起飛到圖勒。原先飛往圖勒的軍機場在去年改到了巴爾的摩，班機也從空中霸王變成了一般的客貨兩用機，雖然她錯過了搭乘空中霸王的機會，但我們飛往圖勒的旅程舒適許多。

　　4 月 19 日，全球的 EHT 觀測正要開始。淺田圭一是指揮官，為了減少風險，他在前一天已經帶著我們幾個人，演練了整體的流程，確定輸入望遠鏡控制系統的指令正確無誤。等觀測的時間一到，他只要按下「開始」的指令，電腦就會接手所有的動作。若是發生意外或是流程出現阻礙，系統會發出警告訊號，再由他排除狀況。

　　舒夢蘭向正忙著準備觀測的淺田圭一提問：「努力了這麼多年，總算開始觀測了。你會不會緊張？」

　　面對正在記錄的攝影機，淺田先生靦腆的回答：「妳要問我們的 Project Manager ！」他指著我。我又負起公關解說的任務，向她解釋這幾天的工作。

全球同步觀測

　　接下來的五天是正式的觀測活動，每天的觀測目標不完全相同；有人馬座 A*、M87*，有類星體，還有一些其他用來做校準的目標。EHT 團隊早在半年前就決定了整套流程，包含觀測目標在天上的坐標、要在什麼時間進行觀測等。每個觀測站的科學

圖 12-2   我正向來訪的電視專輯主持人舒夢蘭解說這幾天的工作，攝影師捕捉到了這個在格陵蘭望遠鏡前合影的畫面。

家會將流程轉換成適合個別系統的觀測模式和指令，預先輸進控
制望遠鏡的電腦。觀測的時間隨既定的流程進行，一天下來大約
累積八到十二個小時不等。

　　當時間一到，所有參與的望遠鏡，就像在表演「水上芭蕾」
的泳者們一樣，同步動作，指向同一個目標，再按照預先的流

圖 12-3　2018 年，松下聰樹、淺田圭一、羅文斌、尼梅許帕特爾在格陵蘭望遠鏡
控制室的合影。

程，有條不紊的執行每一個觀測動作。現場的觀測人員，反倒是得了些許空閒的時間，可以跟其他觀測站的人員互通消息；沒出現警告訊號的話還能做些其他的事，直到觀測完成。

舒夢蘭不愧是得過金鐘獎的最佳主持人，聽完我的解說之後，硬是用意志力克服冷得打顫的下巴，對著攝影機講完一長串的介紹；攝影師也非常敬業，為了操作器材，不戴手套就上陣，凍到手指發黑。

她的兩人團隊跟著我爬上爬下，追著每位成員問東問西。在這個為期一週的專題採訪中，我每天開車帶著她們進出圖勒空軍基地，忙得不亦樂乎。

攝影師為了拍攝大景，帶來一台空拍機，這是節目取材的重要工具。雖然空拍機不能在圖勒空軍基地的範圍內起飛，拍不到望遠鏡的大景，但是沒有關係，基地外圍有的是大山大海的宏闊景觀，可以拍出冰原廣大的氣勢。

但很不幸的，就在第三天，攝影師的手指頭大概抵擋不住野外的刺骨寒風，一不小心就讓空拍機飛去撞山，打斷了一副螺旋槳。攝影師沒有帶備份，只好把斷了的螺旋槳撿一撿，回到我們的工作室，想辦法把幾隻斷片黏回去，可是一試飛，轉沒幾下馬上又支離破碎。

看著她們兩人束手無策，說不定今年台灣的金鐘獎就因為這次意外拱手讓人。

我突然想到中午用餐的時候，碰到一位認識的丹麥人。他問我：「昨天你們是不是在海冰上玩空拍機啊？」我說：「是啊，

你怎麼知道呢？」他說他那時正在不遠的地方健行。聽到的聲音跟他的空拍機一模一樣。我心裡想說，莫非舒夢蘭的上帝聽到她的祈禱，派了一位天使來解決我們面對的問題？

我們費了點功夫，找到這位隔天就要回丹麥休假的朋友。他的空拍機品牌跟她們的一樣，美妙的是，他的宿舍裡有一套備份的螺旋槳。他非常大方，免費提供給我們使用，驗證了一句老話：「出外靠朋友。」

有了這副新的螺旋槳，攝影工作又可以大開大闔。接下來幾天，她們不僅捕捉到難得的麝香牛鏡頭，也完成冰河消逝的紀錄。為了滿足她們的「畫面感」，我跟幾位夥伴還排成一列，像拍電影一樣，一行人緩緩的走在白色的冰原上，留下身後的足跡。這些足跡就像我們過往的努力，若無人記載，便會自然的消逝。

我們辦到了

這次的專題採訪做得熱鬧非凡，也讓我們這群習慣保持低調的科學家、工程師，在她們的鏡頭發現之前從未留意的景象。或許是採訪的太熱鬧了，基地的安全軍官竟然把我和她們找去，要求檢查拍攝內容。還好在出發到圖勒之前，我已經詳細的跟她們說明圖勒空軍基地的各項安全規範，包括什麼能拍，什麼是機密。所以兩位安全軍官沒有看到任何違反規定的影像，最後還被舒夢蘭拉著一起拍照留念。

　　做科學也需要做得熱鬧。我們需要會講故事的能手，當成我們科普教育的代言人；也需要一條順暢的傳播管道，把我們的經驗，傳播到社會各個角落。拜舒夢蘭採訪之賜，格陵蘭望遠鏡一時成為關注焦點，讓我受邀到幾個地方擔任科普講師，為好奇的聽眾說說故事。

　　從 2011 年在新墨西哥州，觸摸到阿爾瑪陣列原型機的那一刻，到首次參與 EHT 觀測，整整過了七年。我們將一台原本適合沙漠環境的電波望遠鏡，變成能夠在北極酷寒環境下工作的儀器。無論是 2016 年開始在圖勒基地組裝望遠鏡、2017 年完成第一道光的驗證、馬上在 2018 年參與科學觀測，在在向世人證明台灣的能力。

　　我們在經費短缺的狀況下，將一個空前大膽的想法化為現實。我們說得到，也做得到。這個結果，讓一輩子經營 VLBI 儀器計畫的井上允嘆為觀止，他說這只能用「奇蹟」二字來形容。

　　一個對台灣更重要的意義是：當我們掌握了格陵蘭望遠鏡，加上夏威夷的次毫米波陣列、麥斯威爾望遠鏡，以及使用智利阿爾瑪陣列的時間，我們已經站在一個完全獨立的位置，甚至能主導計畫──就算沒有加入 EHT，我們依然可以觀測黑洞。

　　2018 年 5 月 29 日，我們在中研院天文所召開新聞發表會，標題是「在北極看見黑洞，格陵蘭望遠鏡開啟天文新頁」。

　　可能是標題下得聳動，當天不只來了許多的平面媒體記者，更有超過十台以上的新聞攝影機，聚精會神的盯著我報告，想看黑洞到底長什麼樣子。等報告結束，眾多記者才發現，雖然我們

已經取得觀測資料，但是還必須等待一段時間才會有結果，這次的發表會並沒有任何黑洞的影像。

那時可以感覺記者們有些意興闌珊，大概心裡想著：沒有照片，那今天的新聞要怎麼播報啊？

等我下了講台，一大群記者緊緊的包圍著我，在我面前塞了一、二十隻的麥克風，問說到底什麼時候可以看到黑洞？我想在今天的場合，這個問題大概避免不了，一定得說出個時間，所以我秉持著科學家一貫超級樂觀、積極進取的人生觀，心裡估計一下資料處理的流程，回答說：「我估計一年內應該會有結果。人類可能看到黑洞，也有可能看不到。如果沒有看到，那麼愛因斯坦的理論可能是錯的。」

不到一年，我們真的有了突破性的結果；一個出乎我的意料的結果。

13

CHAPTER

黑洞現形

「天文，讓人們朝共同一個方向看。」全球十二個國家、三十多個組織
下，黑洞影像得以曝光，完美印證了李遠哲前院長的這句話。

圖為 2019 年 4 月 10 日，在史密松國家航空太空博物館舉辦的慶祝晚會
排中央的是 EHT 計畫負責人多爾曼，旁邊斜站著的是中研院特聘研究員
我則站在多爾曼右邊第四位。

EHT 主要的黑洞目標有兩個：南天球的人馬座 A*，以及北天球的 M87*。

黑洞	距離地球	質量（太陽質量）	角直徑直徑	事件視界半徑
人馬座 A*	2 萬 6 千光年	400 萬	50 微弧秒	0.1 AU
M87*	5,500 萬光年	65 億	35 微弧秒	120 AU

人馬座 A* 位於我們銀河系的中心，離地球的距離比 M87* 近上不少。因此，人馬座 A* 一直是黑洞天文學家的最愛，在過去的研究中，科學家們已經累積許多人馬座 A* 附近星體的知識。

多爾曼一開始也是這樣規劃，著重在南天球的人馬座 A*，所以 EHT 在部署觀測站時，特別注重南極望遠鏡的設置。南極望遠鏡、智利、夏威夷，三個觀測站的相對位置雖然能成為 VLBI 最長的基線，提供 EHT 觀測人馬座 A* 的最佳解析能力，但觀測目標就不包括 M87*。

一部分原因是 M87* 距離我們相當遙遠，另一部分是因為天文學家一般認為，它的中心所發出的強大噴流，可能會對觀測工作產生干擾，增加未來詮釋觀測影像的困難度。所以長久以來，M87* 一直是非主流目標。

然而，中研院黑洞團隊的井上允、淺田圭一和中村雅德，他們的研究課題就是非主流的 M87*，要是有一個「星體研究專利局」，他們三人的研究大概可以去註冊 M87* 的專利，讓格陵

蘭望遠鏡「獨家」觀測——這當然只是玩笑話。

正因為中研院黑洞團隊有研究 M87* 的專家，EHT 才會在台灣加入後，將 M87* 列入觀測目標。也因為如此，台灣在構思研究意向表述時，就希望改裝後的原型機能拉出最長的基線，成為觀測 M87* 的關鍵角色，才會一開始就找尋北半球的台址。

當南、北兩極都有了望遠鏡據點，EHT 已模擬出跟地球一樣大的望遠鏡，全球科學家對於觀測到黑洞影像這件事變得更有信心。

科學家從過去的觀測資料了解到，黑洞隨時都有可能吞噬它們周圍的星體，所以這兩個超大質量黑洞的影像應該會變化。此外，黑洞跟一般的星體一樣會自轉，使得黑洞周圍的亮光繞著黑洞轉動。

根據理論和有限的觀測資料估計，由於人馬座 A* 的質量比 M87* 小，所以自轉速度比較快，可能在幾十分鐘，到幾個小時就會轉一圈，而 M87* 大概要幾天才能轉一圈。

簡單來說，M87* 轉得比較慢的性質，

噴流

沿著恆星、黑洞等星體的自轉軸而噴出的星際物質（氣體分子、塵埃等）。有些黑洞的噴流速度高達百分之九十九以上光速，更能傳至數千萬光年的距離。

使它的影像在 EHT 觀測的那幾天並沒有太大的變化，因此讓我們可以在幾天內拍到重複、接近的影像，進而洗出能夠做為科學證據的黑洞照片。

　　台灣中研院天文所的黑洞團隊在井上允和淺田圭一的帶領下，從 2012 年開始，每年都會經由次毫米波陣列或是麥斯威爾望遠鏡，參加 EHT（當時還未正式成立）的觀測活動，並參與事後的資料分析。如今格陵蘭望遠鏡已經正式加入 EHT，未來的成果值得期待。

第一張黑洞影像

　　2018 年 9 月，我在夏威夷希洛的研究室工作，隔壁的同事包傑夫（Geoffrey Bower）某天過來問我有沒有看到「影像」。包傑夫是中研院天文所在夏威夷聘任的學者，也是 EHT 團隊中科學委員會的召集人，研究主軸一直繞著人馬座 A* 打轉。他突然的問題讓我愣了一下。「什麼影像？」「M87 黑洞啊！」回過神來，我知道他指的是什麼了。

　　我跟著他走去他的研究室，看他在電腦上登錄到 EHT 網站，再敲進幾個鍵，螢幕上出現了幾張簡單的圖片，黑色的背景襯托著一抹黃金色的光芒，像一支沾著金色墨汁的大毛筆，在一張黑色的宣紙上畫了半個圓圈。

　　我說我已經看過這些模擬的黑洞圖樣，我問他：「有什麼特別的嗎？之前的模擬影像不就是長這樣？」。包傑夫回答說：「這

些圖樣不是模擬結果，而是真的觀測結果。M87 的黑洞，2017年的觀測結果！」

傑夫的消息讓我內心產生不小的悸動。我的心理第一個反應是：「我們終究慢了一步！」這張 M87* 的影像是 2017 年的觀測結果，那個時候格陵蘭望遠鏡還在加緊趕工中，所以影像中沒有格陵蘭望遠鏡的數據。

隨著這一絲遺憾而來的是一股巨大的驚奇。這些圖片跟理論模擬的相似度，令人由衷佩服人類理性邏輯思考的能力。由愛因斯坦廣義相對論推理出來的結果，經過百年來諸多聰明學者和學術巨擘的努力，現今終於被我們驗證了！一個不可思議的物理現象從此以後真實的存在於人們的知識寶庫裡。

在感到驚奇之外，我還有一些些超現實的興奮感。我經手建造的次毫米陣列、阿爾瑪陣列，和參與運轉的麥斯威爾望遠鏡，竟然都是解開這個百年謎題的工具，這種似乎只有在學校教科書中才會讀到的範例，讓我當下充滿了一股不真實的感覺。

包傑夫的螢幕上這幾張 M87 黑洞的照片是全球過去努力的成果，而中研院研究團隊是其中的一員，從賀曾樸、井上允、淺田圭一、中村雅德、松下聰樹、包傑夫、西岡宏朗、小山翔子、郭駿毅、卜宏毅，以及國立中山大學的郭政育等等，無論是資料取得、分析判讀、形成影像等工作，眾人都有重要的貢獻，這是一個令人感到榮耀的時刻。

Press Embargo

隨著第一張黑洞的影像出現，EHT 團隊打算一口氣發表六篇論文來闡述我們工作的科學與技術內涵。儘管已經有影像了，但要 EHT 團隊中兩百多位天文學家同意這六篇論文的細節內容，還是需要一番功夫。等到確認論文內容的工作塵埃落定，我們決定在 2019 年 4 月 10 日，召開全球連線發表會。並且嚴格規定在那天之前，不能透露任何關於發表會的內容，更不可以「不經意」的讓媒體拿到影像。

在這次全球連線發表會前的一個月，我和松下聰樹一起找中研院廖俊智院長開了一次會，向他報告這次發表會的內容和重要性。

我們跟院長說，這次的成果不是一般的國際合作案。在整個研究上，天文所的研究員擔任相當重要的角色。我們有專門做影像分析的專家、有專門研究黑洞物理的理論專家、也有擔任團隊裡科學工作組的召集人、台灣在這個研究上投入了不少的經費。因此在十三個席次組成的 EHT 董事會裡，台灣就占了兩席。我們新建的格陵蘭望遠鏡不僅已經參與觀測，甚至是未來這個研究方向升級的指標。

院長聽完以後滿興奮，氣氛一時熱鬧起來了！他馬上請祕書和公關進來，交代他們這是一件院裡的大事，要記得邀請誰跟誰來參加。接著，他就跟我們要求看「黑洞影像」。

松下聰樹這位日本同事非常有禮貌的拒絕，說我們的國際團

隊規定要「Press Embargo」，旁邊的祕書小姐小聲的問：「什麼狗？」「那是我們團隊裡頭，大家互相遵守對成果內容保密的協定；我們不能跟團隊以外的人，透露任何即將發表的成果內容。」我在旁邊加了一句：「就是『曝光了你就慘了的協定』。」

在會議結束的時候，松下在他的筆記簿上畫了一個巧克力甜甜圈給院長看，說：「黑洞就是長這個樣子」。

天大的事

2019 年 4 月初，台灣的中央研究院網站出現一則消息，預定在 4 月 10 日晚上九點，與華府、聖地牙哥、布魯塞爾、東京、上海，同步舉辦科學成果發表會。

科學成果發表會是一個慎重的場合，它是對世人發布重要科學成果的管道，也是科學家向經費贊助單位交代，並且出名的機會，更是一個國家展現知識力量的舞台。

雖然消息中並沒有說明是哪方面的成果，但台灣中研院是這項重大發現的主角之一仍然讓人相當振奮。一些媒體開始猜測：是什麼樣的科學成果讓世界的主要科學機構，願意共同一起發表呢？

根據國際上的傳言，這次的成果跟黑洞有關。有人非常確定是要宣布科學家終於看到銀河系的黑洞了；但也有人認為是證實了黑洞不存在，愛因斯坦是錯的。小道消息，莫衷一是。

消息公布後，引起台灣科學界一陣騷動。大部分的科學相關

媒體都刊載了這個消息，但是時間正逢春假假期，中研院即將舉行的活動似乎並沒有引起太多注意。

4月9號，正當中研院的工作人員緊鑼密鼓的準備即將到來的全球連線時，作家龍應台在臉書發出一文：

> 「天大的事
> 我為什麼要『每天』知道誰跟誰配、誰又『嗆』誰了呢？
> 煩死人了。
> 煩死人了。世界沒有比這個更重要的事了嗎？台灣沒有比這個更精采的事了嗎？
> 明明就有。
> ……」

文中還把六地連線的成果發表會介紹了一番，希望大家到時收看中研院舉辦的直播。

這篇文章得到台灣一般媒體的關注，隔天議題發酵，許多媒體引用了龍應台的發言，讓這場全球連線發表會獲得更多曝光，一時間真的成為「天大的事」。

公布影像

在發表會前幾天，我飛到了美國華府。由於美國國科會是贊助 EHT 觀測的大金主，這次當然要盛大舉行，地點就選在華府

14 街的「國家新聞記者俱樂部」。

　　我事先約了井上允，在記者俱樂部的門口會面。另外，我透過外交部的朋友，跟華府的台北經濟文化辦事處的同仁說明，這次的成果發表意義重大，請他們幫忙通知這裡的華文媒體到場採訪。我也邀請了台灣駐華府的人員一同出席，代表台灣參加成果發表會。

　　4 月 10 號清晨，我刻意起個大早，打算早些到達成果發表會的現場。天空一片湛藍，空氣清淨乾爽，在金色的晨光中，我

圖 13-1　2019 年 4 月 10 日早晨，美國華府的街頭。

沿著染井吉野櫻盛開的人工湖畔，走進長長的榆樹拱廊，映入眼簾的就是美國著名的國家廣場。在這裡，環繞白宮和國會山莊的是美國人引以為傲的史密松博物館、國家航空太空博物館、自然博物館、歷史博物館、國家畫廊等二十幾個科學文化機構。

穿過了國家廣場，再走過兩條街，就到了記者俱樂部。

美國在兩週前就確定好所有來賓的身分，憑邀請券入場。進了會場，遇見這幾年一起工作的夥伴，大家無不喜氣洋洋。謝普多爾曼是今天的主角，看他在會場進進出出，後面還跟著兩台攝影機，只能簡單跟他打招呼，閒聊似乎要等晚一點。

會場前面的舞台並不大，上頭擺著五把高腳椅，面朝兩、三百人的來賓席。後面正中的牆上吊著一盞亮燈，直射到舞台上。下面座席區中間的最佳位置保留給記者媒體，紐約時報、CNN、華爾街日報、美國科學人、日本 NHK 等等叫得出名字的主流媒體都在，EHT 的團隊人員則分成兩旁。現場的布置簡潔隆重，所有的音效、燈光完全聚焦在左側的講台上。

坐就定位，會議準時開始，由美國國家科學基金會會長主持，幾位 EHT 的美國代表人物上台演說。

九點零七分，多爾曼首次亮出 M87* 的影像，會場響起一片熱烈的掌聲。幾分鐘後，所有世界主流媒體的網站立即出現同樣的圖像。現場的氣氛是自信的、歡欣的，有一種世界大同的感覺。

直播當下，全世界有超過一百五十萬人，同時在螢幕上看到人類史上第一張黑洞照片。消息公布後，全球捲起一股「黑洞

熱」。這張照片不僅登上紐約時報、華爾街日報等主流媒體，連 Google 首頁的「doodle」都改成黑洞主題。

　　當天晚上，史密松天文台作東，在美國國家航空太空博物館舉辦慶功晚會。我想，這張 M87* 的照片，應該會在這個博物館中，占有重要的一席。

證明黑洞存在，然後呢？

　　科學家們拍到了照片，或許證明了黑洞真實存在於宇宙當中，不再只是科幻小說的情節。或許有人會問：「是啊！黑洞存在被證實了，那又如何呢？」畢竟 M87 的超大質量黑洞距離我們 5,500 萬光年，離我們實在太遙遠，在我們有限的知識理解範圍，這麼長的距離完全淡化了它對我們的任何影響，所以覺得這跟人類一點關係都沒有。

　　知識演變成實際應用的轉換過程往往並不是那麼的直接，每一項發現不是都能像電晶體一樣，能夠立刻應用在日常生活中。例如，當發現 DNA 雙螺旋結構的當下，科學家並不覺得這對未來有何用處。黑洞或許在當下看不到任何用處，說不定未來也不會對人類社會有任何的影響，但是它的存在再次驗證愛因斯坦的天才之處，告訴我們廣義相對論在宇宙的極端狀況下依然正確。

　　這是一塊人類智慧成長的奠基石，也是在人類的知識拼圖中，填補了一塊找尋了百年的重要圖塊，讓我們接下來在探索宇宙、追求新知識的過程中，增加無比的信心。

但這張模糊的照片只是個開端,之後還會有更多探索未知的研究繼續往前走,繼續照亮人類的知識長廊。台灣也因為這張照片,向世人宣告了我們的實力。

在黑洞影像公布之前,丹麥的天文學家就對格陵蘭望遠鏡非常感興趣,所以賀曾樸特別飛到哥本哈根,與我們的丹麥夥伴一

圖 13-2　2019 年 4 月 10 日,賀曾樸參與哥本哈根的現場直播。

起公布黑洞成果，順便跟丹麥波耳學院談接下來格陵蘭望遠鏡的合作計畫。

　　長久以來，格陵蘭這塊土地就如同丹麥的試驗地。丹麥的科學家對於格陵蘭的人文、地理、氣候、環境有著深入的研究和豐富的知識，特別是如何在格陵蘭的冰原上架設工作站，來採集冰層中的冰核。我們想要借重他們在冰原上開發工作站的長足經驗，以及經營研究團隊的技巧與能力，也期待跟他們的天文學家，一起使用格陵蘭望遠鏡，共同進行天文學上的研究。

　　這正是科學工作的基本精神：合作和共享，一起解決人類所面對的問題。這是雙贏的科學探索，並且在世界政治的舞台上，台灣可添增一位盟國。

　　接下來幾年我們就會把格陵蘭望遠鏡搬往更北邊的峰頂觀測站，那裡的氣溫比圖勒更低，既沒有穩固的地基，也沒有豐盛的食物，有的只是未知的挑戰。但我們樂觀以待，正如蔡英文總統在 2019 年雙十國慶的致詞結語：

> 「當我們可以上太空，可以看見5,500萬光年外的黑洞，那麼，眼前還有什麼挑戰，是我們沒有勇氣面對的？」

科學界的奧斯卡獎

　　2019 年 9 月，EHT 計畫團隊因拍到史上第一張黑洞影像而獲得 2020 年基礎物理突破獎。不知道誰開始起的鬨，說這個獎

有「科學界奧斯卡獎」之美譽，讓我們每個人都有走紅毯那種飄飄然的感覺。

中央研究院的新聞稿是這樣寫的：

科學界知名的「突破獎基金會」（Breakthrough Prize）近日宣布，2020 年度的「基礎物理獎」頒發給「事件視界望遠鏡合作計畫」（The EHT Collaboration）的 347 位成員，高達 300 萬美金的獎金由全員均分。本院天文及天文物理研究所是事件視界望遠鏡計畫重要成員，在 347 位獲獎者中有 53 位為本院天文所格陵蘭望遠鏡計畫現職或前任同事，比例超過 15%，凸顯出台灣在此項成果中的分量。

EHT 計畫團隊本次因獲取史上第一張黑洞影像而獲獎。評審團認為其成就意義非凡，首先，所有望遠鏡收到的訊號，須先藉由原子鐘精確計時以同步整合，進而形成相當於地球大小的一座虛擬望遠鏡，此時才有足夠的解析力看到黑洞。此外，這張 M87 星系中心超大黑洞的影像，後續還經過大量分析、特殊演算程式開發等新穎技術，最後才顯示出一圈亮環，標記著光在繞著黑洞旋轉的位置，亮環中的那塊暗黑，代表著即使是光也無法從中逃離的黑洞重力區，黑洞暗影，正與愛因斯坦廣義相對論的預測完美相符。

　　哇，原來我們真的得到一個超級大獎，還有一筆獎金，平分給我們共同發表研究論文的作者。

　　在突破獎的英文網頁中列出了全部的得獎人名，也就是六篇論文的作者。EHT 團隊在《天文物理期刊快報》發表了六篇科學論文，詳細敘述獲取這次 M87* 影像成果所採用的方法、儀器、資料蒐集、處理、分析，如何從分析過的資料產生影像，以及影像的真實度跟理論的比較，還有結論。

　　EHT 的團隊名單列了 325 名作者。其中，中研院天文所領導的團隊人員有 53 位，主要貢獻除了參與這幾篇論文的資料取得、分析、科學論證以外，還有參與了格陵蘭望遠鏡的架設。如果我們在 2017 年沒有完成格陵蘭望遠鏡，在 2018 年 EHT「觀測彩排」中沒有順利和阿爾瑪陣列連線，並加入 4 月的觀測，這次台灣團隊列名作者的人數，勢必會大打折扣。

　　我原本以為這六篇文章，只能多少為中研院和台灣的基礎研究的「影響指數」加上一些些分數，沒想到它們還能讓我們得獎。這對那些參與台灣團隊、在基層將理念化作實際的工作夥伴們，是一種鼓勵，也是一種認同，在我過往三十年的研究生涯中，絕無僅有。

　　「天大的事」之所以「天大」，除了因為它在科學上的重要性，更因為它代表了數百位、來自世界各國的專業人士，他們對「追尋真理」的投入與犧牲。

　　我很榮幸我是黑洞影像團隊的一分子。

結語　未讀千卷書，已走萬里路

　　回首來時路，我的科學人生，大概是來自於與生俱來的好奇心，又剛好在求學的過程中對物理科學產生極大的興趣。在我完成學業後，二十多年來的工作生涯，我一直運用自己最擅長的語言（物理）來完成我大部分的工作。或許，好奇心和物理就是我一直沒有離開科學研究之路的原因吧。

　　對我來說，物理是探索世界的一種語言，就跟音樂、藝術、文學、哲學、宗教，甚至詩或愛情一樣，都是解讀、體驗這人間的方法。

　　這次 EHT 團隊提出的 M87 黑洞影像，是證實黑洞存在最強力的證據。我太太笑著跟我說：「恭喜，你大學修的相對論終於獲得滿分 100 分了。」

　　她會這麼說，是因為當時在成大修相對論時，教授給了我99 分。教授說這門科目沒有 100 分，因為還沒人看過黑洞。

　　我說：「這張照片還是沒有讓我多得一分。這張影像是第一個視覺證據。科學的證據講究的是『可重複性』。這次的結果還有待接下來更精密的量測與計算，科學必須再次提出第二、第三……等證據，那時這個工作，才會是真正的 100 分。」

　　截至 2019 年 12 月，格陵蘭望遠鏡在圖勒空軍基地的運轉進入第二年，已經參與過四次的全球性觀測，而天文學家們正努力的分析資料，接下來的首當要務，是推出 2017 年觀測人馬座 A*

的結果。這一部分的工作已經有相當的進展，人馬座 A* 黑洞影像已經呼之欲出。

人馬座 A* 的質量只有 M87* 的千分之一，根據理論推斷，它的自旋速度比 M87* 快上許多。黑洞快速的自旋，導致周遭吸積盤的亮點隨之轉動，因此這些亮光所襯托出來的黑洞陰影形狀，也隨著時間變動。

我們相信 M87* 的影像也有同樣的變動過程，只是 M87* 的自旋緩慢，在我們觀測的那幾天，影像的變動不大。但人馬座 A* 的影像，除了中心的黑洞外，周圍的光環分布幾乎每天都不一樣，因此要如何用物理理論來解釋，讓黑洞專家們大傷腦筋。

關於人馬座 A* 影像，我只能夠含糊的做以上的說明，不能再給讀者更多的資料或是影像，也不可再多加描述，因為……「Press Embargo」。我不能再說下去了，不然就會有大麻煩。

從台灣 1995 年決定參加次毫米波陣列建造計畫開始，歷經 2003 年完成陣列、2006 年完成阿米巴陣列以及加入阿爾瑪陣列、2011 年爭取到阿爾瑪原型機、2012 年完成阿爾瑪陣列、2015 年啟動東亞天文台的麥斯威爾望遠鏡、2018 年 5 月的格陵蘭望遠鏡落成記者發表會，乃至 2019 年 4 月 10 日的黑洞照片。將近半輩子的工作，在不同場景中遇見的轉折、碰壁的沮喪、成功的欣慰，現在回想起來都已是過往雲煙，而心中留下的是家人與夥伴們彼此扶持、共同努力的景象。

接下來，中研院天文所和史密松天文中心必須繼續克服經費拮据的問題，一方面要維持格陵蘭望遠鏡在圖勒的運轉，一方面

要研究如何在後續幾年內將望遠鏡搬到峰頂觀測站。這就是科學
家的特質：不會滿足於現狀。

　　你問說：「假若格陵蘭望遠鏡的未來就此打住了，這麼辦？」
我想那就是「行到水窮處，坐看雲起時」的時候吧。

致謝

　　感謝中央研究院廖俊智院長、天文所朱有花所長,以及天文所所有同仁的支持,格陵蘭望遠鏡才能夠順利在圖勒空軍基地架設成功,並且開始科學觀測運作。

　　寫這本書的目的是要記錄過去二十幾年來,發生在我身旁的一些有趣故事。在這段時間中,台灣的天文發展在許多人士的支持與引導下,才有今天的重大突破,讓我有機會寫下這些故事。在這些深具遠見的前輩中,我特別要感謝幾位對我的工作生涯有重要影響的人。他們是:

吳大猷	李遠哲	李太楓	徐遐生	魯國鏞
袁旂	劉兆漢	翁啟惠	陳建仁	曾志朗
吳茂昆	李羅權	郭新		

　　很遺憾的是袁旂(1937-2008)和魯國鏞(1947-2016)兩位無法看到他們親手播撒的種子,在 2019 年開花結果的景色。

　　我也要感謝史密松天文中心的幾位夥伴,是他們在 1995 年接納了我這個菜鳥博士,教授我如何建造望遠鏡和電波接收機,而且在這段工作生涯中長期跟我合作。他們是:

Raymond Blundell	Edward Tong	Scott Paine
Cosmo Papa	Jack Barrett	

特別感謝幾位在過去十幾、二十年來，共同合作，或是協助過我的夥伴們。沒有他們的努力與貢獻，就不會有這本書中提到的科學成果。她（他）們是：

中研院天文所

王明杰	謝佳慧	大橋永芳
王祥宇	Geoffrey Bower（包傑夫）	林凱揚
羅士翔	黃裕津	章朝盛
張桂敏	王麗玥	邱欣慧
邱欣怡	林怡君	魏韻純
黃信縈	黃文瑾	郭貞延
廖培宏	廖容欣	黃珞文
周正益	陳重謀	陳昭珊
鄒槀明	林素蓮	黃品淞
鄭大智	曾獻群	張書維
翁偉廷	陳科榮	謝松年
周美吟	顏吉鴻	曾耀寰
汪仁鴻	陳孟博	江政哲
Pablo Altamirano	Susan O'Neal	Bob Martin
Ferdinand Patt	Debbie Kenui	Sara Steele

台灣大學

瞿大雄	王暉	闕志鴻	闕志達	吳俊輝

磁震科技開發公司

翁慶隆

銳而新科技有限公司

倪志文

媒體朋友

舒夢蘭	陳一松	黃宛婷	徐建國
林獻堂	蘇麗芬		

另外，感謝中研院院本部的王汎森、張麗娟、賴美雲、周淑惠。由於她們的幫助，讓我在夏威夷的工作無後顧之憂，專心於建造儀器。

還要感謝天下文化的韋萱和育燐兩位編輯，她們提供了不少建議，讓原本中英混雜、時空跳躍、隱晦艱澀的文字，轉換成一般大眾還讀得懂的科普故事。

另外，特別感謝一位一見如故的朋友，龍應台。她對人世間的熱誠、面對權力的勇氣，深感敬佩。由於她的引薦和鼓勵，讓這本書的出版成為事實。

本書所提到的望遠鏡計畫，大部分經費來於中研院，部分來自於科技部（原國科會）。李遠哲陣列的部分經費來自於教育部「五年五百億」計畫的補助。在此一併致謝。

最後，必須感謝過去十年來一起奮鬥的格陵蘭團隊。沒有他們「精采演技」，就不會有這本書的存在。

格陵蘭望遠鏡計畫成員

賀曾樸院士

計畫科學家

| 井上允 | 松下聰樹 | 淺田圭一 |

工程與科學團隊

Philippe Raffin（瑞菲利）	黃耀德
韓之強	George Nystrom（喬治尼斯壯）
久保義晴	張書豪
魏大順	Pierre Martin-Cocher（馬柏翔）
江宏明	蕭仰台
西岡宏朗	黃智威
陳重誠	小山翔子
Patrick Koch	Peter Oshiro（彼得歐斯羅）
Ryan Chilson	李昭德
郭駿毅	張志成
游晨佑	劉冠宇
Ranjani Srinivasan	Ram Rao
中村雅德	趙征
郭政育	卜宏毅
林峻哲	Juan-Carlos Algaba Marcos
傅國杰	

等

計畫合作單位

史密松天文中心

參與科學與工程人員

Roger Brissenden

Nimesh Patel（尼梅許帕特爾）

Sheperd S. Doeleman（謝普多爾曼）

Timothy Norton（提姆諾頓）

T. K. Sridharan

主要合作單位

國家中山科學研究院

張冠群前院長　　　　　杲中興院長　　　　　馬萬鈞副院長

航空研究所及團隊

齊立平所長

邱祖湘　　　李啟泰　　　陳俊宏　　　劉慶堂　　　黃基典

國際合作處前總主持人

荊溪暠

主持人及團隊

韓國瑋　　　　張松助　　　　呂理銘　　　　葉芬

工程團隊

謝芳家　　　黃怡銘　　　馬鈞文　　　林仕航　　　李若琪

許華凱　　　林明潭　　　吳宜光　　　張瑋　　　陳勝男

徐永昌　　　江俊慶　　　許智凱　　　張昌權

合作單位

朝陽科技大學

陳維隆

大阪府立大學電波接收機團隊

小川英夫	長谷川豊	木村公洋

日本國立天文台

井口聖及其 ALMA 團隊

韓國天文及太空研究所

Do-Young Byun	Bong Won Sohn

東亞天文台 /James Clerk Maxwell 望遠鏡

Jessica Dempsey	Craig Walther	Per Friberg
Dan Bintley 及其團隊		

主要國內廠商

中國鋼鐵結構公司	宗漢企業有限公司
統成蜂巢應用公司	三角電熱機械公司
中龍鋼鐵有限公司	源宏精密有限公司

等

主要國際合作廠商

Vertex Antennentechnik GmbH	ADS International (Italy)

特別感謝

格陵蘭美國空軍 821st Air Group
圖勒空軍基地指揮官及其團隊

美國國家科學基金會 Office of Polar Program
美國國家電波天文台
麻省理工學院海斯塔克天文台
台灣歐都納有限公司

**

格陵蘭望遠鏡計畫相關網站
http://vlbi.asiaa.sinica.edu.tw/
https://www.cfa.harvard.edu/greenland12m/

EHT 計畫相關網站
https://eventhorizontelescope.org

附錄

1. 黑洞觀測簡史

科學家從廣義相對論推測出，宇宙中可能存在著引力極高的星體，它的周遭會形成一個任何物理事件（包含光線）都無法逃脫的時空範圍。這個範圍稱為「事件視界」，代表此範圍裡面的訊息完全無法離開，被外界所得知，如同我們看不到地平線外的景象一樣。後人另外取了「黑洞」這個名字，簡單的兩個字讓一般大眾朗朗上口，甚至讓多數人以為我們早已證明黑洞存在。

而在電波天文學發展的初期，科學家只知道銀河系中心在人馬座附近有一個很強大的電波源，卻不知道如此強大的電波訊號是由什麼機制所產生。即使當時的學界已普遍接受「黑洞理論」，但沒有人認為：銀河系中心是個大黑洞。

這個想法一直等到 1960 年代，天文學家們陸續發現所謂的「類星體」之後，才逐漸成形。

類星體會從距離銀河系非常遙遠的星系核心發射強大的電波訊號，代表星系核心有著強大的能量。為了解釋這個現象，理論學家認為：強大的能量來自於物質從吸積盤掉進黑洞的過程，而黑洞至少要到達幾百萬個太陽質量。這個推論就是「超巨大質量黑洞」的肇始。

　　到了 1971 年，天文學家提出：「我們的銀河系中心可能也存在一個大黑洞」，但當時並沒有任何已知的證據支持這項說法，所以只能算一個令科學家著迷的「假設」。

　　大約在同一個時間，天文學家正在發展「特長基線干涉技術」（VLBI），藉由距離很遠的幾個電波望遠鏡同步觀測，來模擬出一個超大口徑的望遠鏡。那時，剛取得學位的魯國鏞就曾嘗試利用 VLBI 技術偵測銀河系中心電波源，但因儀器和分析技術還未發展成熟，所以觀測的結果並不能證實超大黑洞存在。

圖一　類星體（編號 ULAS J1120+0641）中心的想像圖。該星體離地球非常的遙遠，但又非常的明亮。觀測資料顯示星體中心有一個二十億太陽質量的黑洞，供應它所發出來的能量。

　　1974 年，兩位美國天文學家使用「綠岸干涉陣列」，觀測到銀河系中心的電波訊號。受限於當時的技術，他們只看到一個亮點，無法分辨出銀河系中心電波源的細節。但這個觀測結果已顯示強大的電波源來自一個極小的空間區域，故能推測它是一個發出非常大能量的緻密星體。

　　這個結果讓天文學家銀河系中心黑洞的假設，更感到好奇。由於這個活躍的電波源位於人馬座 A 附近，所以天文學家就以「人馬座 A*」來稱呼銀河系中心的電波源。

　　受益於世界的太空競賽，原子鐘（特別是氫邁射）的技術已發展完備，再加上工程技術提升，建構大型電波望遠鏡不再是問題。當然，電腦的發展也大大的提高資料處理的速度。這些因素使得 1980 年代成為 VLBI 的黃金發展時代。在這段時間，美國建造了專門執行 VLBI 觀測的「超長基線陣列」，而歐洲的天文學家，在同時期成立了歐洲 VLBI 網絡。這些儀器都是探索宇宙的利器。

　　經過十年的努力，魯國鏞跟幾位合作者，使用十來個橫跨美國的電波望遠鏡，形成 VLBI 陣列，觀測銀河系中心。他們研究結果發表在 1985 年的《自然》期刊中，內容是關於人馬座 A* 最新的科學研究。這篇論文首次提出證據，說明人馬座 A* 是一個類似吸積盤結構的星體，而且這個結構體的中心，應該是一個「大質量的塌縮星體」。

　　科學家寫的論文都非常語帶保留。不管是「緻密天體」還是「大質量的塌縮星體」，它們有可能是白矮星，也可能是中子

星，當然也可能是黑洞，或是人類還不知道的星體。在還沒有直接證據之前，科學界不會斷言人馬座 A* 就是黑洞，但是魯國鏞的這篇論文說明了銀河系中心有可能是黑洞，成為公認的第一篇科學證據。

除了利用 VLBI 技術，天文學家也使用太空中的 X 光望遠鏡來觀測「大質量的塌縮星體」。X 光望遠鏡受限於影像解析能力，無法看到星體的細部，但是可以研究黑洞外圍發出高能量訊號的大結構，例如吸積盤和噴流。

在 1990 年代，天文學家冒出一個新的想法：既然現有的光學／紅外線望遠鏡無法直接看到黑洞，那麼就來觀測黑洞對周遭發亮星體所產生的影響。如果能夠量測到周遭星體繞行銀河系中心的軌道和週期，就可以計算出中心黑洞的質量。

這個看似高中物理命題的研究方法，實際執行卻不容易。要精準、有效的追蹤上千顆星體的速度和位置，必須要有一台大型的光學望遠鏡、新的觀測技術——特別是「自適應光學」（自動修正大氣擾動的影響）技術，還必須連續好幾年追蹤星體。

當時，世界上有兩組人馬，一組在美國、一組在德國，互相在這個研究領域競爭。他們同時得到的結論是：銀河系中心，在一個比太陽系還小的區域裡頭，聚集了大約四百萬個太陽質量。在這樣子的物理條件下，銀河系中心除了是黑洞，已經沒有任何已知的物理理論可以解釋。換句話說，我們雖然看到了黑洞巨大引力所引發的物理現象，可是仍然沒有看到黑洞本身。

這個研究成果雖然不是黑洞存在的直接證據，它還是讓研究

計畫的兩位主持人，各自獲得瑞典皇家科學院的克拉福德獎，每人領走四百萬瑞典克郎的獎金。

到了二十一世紀，隨著次毫米波段 VLBI 觀測技術的發展，已經能確定銀河系中心的訊號源自星體周圍的吸積盤。最後在謝普多爾曼、海諾法爾克、賀曾樸等人的號召下，全球天文學家連成一氣，用口徑跟地球一樣大的模擬望遠鏡看向宇宙，終於獲得黑洞存在的直接證據——黑洞剪影。

2. M87 超巨大質量黑洞影像

在 2019 年 4 月 10 日看到黑洞的真實面貌之前，理論學家早就開始推測黑洞影像的可能面貌。據過往數十年對黑洞系統的理論研究，黑洞影像應包含：黑洞剪影、黑洞吸積流和（或）噴流的特徵。

環繞黑洞的星際物質從吸積盤掉進黑洞，過程會讓吸積流加熱產生輻射能量。這些輻射能量有一部分會進入黑洞，有一部分會逃離重力場、穿透外圍的吸積盤，往外輻射。輻射的過程將會襯托出黑洞的大致範圍，形成「黑洞剪影」（天文學家慣稱為「黑洞陰影」）。

「剪影」指的是一個物體受到強烈背景光源的照射，因而襯托出物體的輪廓。天氣晴朗時，站在海邊看著太陽落入海平面，這時拍下一張以落日為背景的人像照，燦爛的落日光芒便會讓人像變成剪影，看不見原本俊男美女的相貌。

　　黑洞剪影的光源從哪兒來呢？如前文所述，輻射的來源是從吸積流產生的，這些靠近黑洞表面微小區域中的輻射受到強大重力場的拉扯，不僅會大幅度轉彎，甚至會繞著黑洞打轉：一圈、兩圈、三圈、無數圈。如果每繞一圈，就有一小部分的輻射沿著黑洞切面的方向逃離重力場，那麼無數圈所累積傳出來的輻射會被加強、放大，從事件視界外圍的切面方向往四面八方發射。

　　這些切面的訊號經過重力效應的放大作用，會比從中間部位（徑向）沒有被放大的輻射強大許多。對觀測者而言，它們就變成像甜甜圈的光環。光環正表示這些逃脫的輻射是從黑洞切面方向離開重力場，而不是從中間部位的方向離開。理論上，一個簡單、靜止、沒有自轉的黑洞，它的剪影應該是像一枚黃金戒指，呈現圓形、等寬的光環。

　　2019 年公布（2017 年觀測）的 M87* 影像顯示，M87* 不是一個靜止的黑洞。跟理論上的模擬比較，它最像是一個順時針旋轉的黑洞。讓我們用「左手規則」（物理學上應使用右手規則，但這裡為方便讀者動手比畫，改用左手）來說明：想像你面對著 M87* 的影像，你的大拇指為轉軸，朝著你自己，其餘四根手指代表黑洞順時鐘旋轉。更精確一些，拇指的指向必須稍微往右邊偏一些，大概是 17 度左右。影像中間就是黑洞的範圍，外圍是一團輻射能量，團團圍住黑洞。黑洞的自轉對這些輻射造成了一些明顯的效應：沿著自轉方向繞圈圈的輻射能量會因為黑洞的自轉而加強一些能量，從這個方向來的輻射更容易逃離重力場；而反方向的輻射能量會被自轉消減一些能量，而更容易掉進黑洞

圖二 一個簡單、靜止、沒有自轉的黑洞，它的剪影應該像一枚黃金戒指。金色光環的內部就是黑洞剪影。

裡頭。造成的結果是朝觀測者轉過來的那一邊，輻射能量變強，另一邊輻射變弱；強弱的差別接著就出現在 M87* 影像的明暗對比上。

M87* 是少數能產生強大噴流的黑洞之一，噴流是物質以電漿形式，以趨近光速的速度從黑洞的兩個「極點」，朝外噴出。從 M87 的紅外線影像可以看到，自星系中心延伸出一條近乎筆直的噴流，朝向地球而來，估計噴流的長度約五千光年。

讀者或許會問：「如果是從兩極噴出的話，M87* 的中心兩邊，不是應該各有一條，相互對稱的噴流嗎？怎麼只看到一條？」

　　沒錯，M87* 的噴流的確應該有兩條，但影像只顯示了朝著地球噴過來的那一條。由於「都卜勒效應」，朝著地球方向的訊號不僅頻率往高頻轉移，訊號強度也會加強，更容易被我們偵測到。而另一條噴流，以幾近光速的速度遠離我們的視線，同樣因為都卜勒效應，使得訊號往低頻轉變，強度變得微弱，所以很難偵測到。

　　我們目前還不了解噴流的確切成因，一般認為是吸積盤與黑洞周遭的磁力場所造成。

　　這次的黑洞影像並沒有拍到明顯的噴流跡象。一個可能是在這個區域範圍裡，噴流的輻射不夠強烈；或者是噴流的源頭位置落在更外圍的區域，不在影像的視野之中；或是其他我們還不知道的理由。這將是未來黑洞精密成像工作的課題。

　　像 M87* 這樣的超巨大質量黑洞，有一個有趣的物理性質。以過去的天文量測資料來估計，M87 與地球的距離約為 5,500 萬光年，我們可以再從影像估算出 M87* 的直徑約 400 億公里，相當於太陽系的大小，只是這個區域範圍裡有 65 億個太陽質量。從上面的數字可以算出，M87* 的密度約 0.0004 公克／立方公分。事實上，根據理論，黑洞的體積愈大，密度愈小。這是因為，黑洞的半徑與質量成正比，而它的視覺體積與質量的三次方成正比。密度等於質量除以體積，所以密度與質量的平方成反比——也就是愈重的黑洞，它的密度愈小。

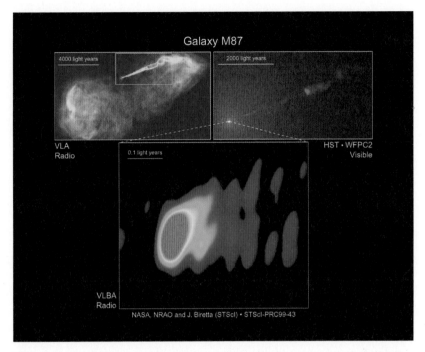

圖三　M87* 的噴流幾乎是朝地球而來，與我們的視線方向大約只有 17 度的夾角。因為噴流高速運動與都卜勒效應，只有朝地球方向（圖中右方）那側的噴流較為明亮可見。

圖片來源

除以下圖片來源，其餘圖片皆為作者提供。

第一張黑洞照片　Event Horizon Telescope [CC BY 4.0]

各種類型的望遠鏡　邱意惠繪製

EHT 望遠鏡分布圖　NRAO/ESO [CC BY 4.0]；邱意惠整理繪製

1-1　黃秋玲繪製

2-1　NASA/JPL-Caltech/University of Wisconsin；ESO/S. Steinhöfel; NASA, ESA, Andrew Fruchter (STScI), and the ERO team (STScI + ST-ECF) [Public domain]; Sephirohq [CC BY-SA]; NASA, ESA, J. Hester and A. Loll (Arizona State University) [Public domain]; Casey Reed - Penn State University [Public domain]; ESO/L. Calçada [CC BY 4.0]；邱意惠整理繪製

3-2　賀曾樸

4-2　韓之強

4-4　瑞菲利

4-8　久保義晴

第 5 章章首　ESO/B. Tafreshi (twanight.org) [CC BY 4.0]

5-1　Eduardo Ros

6-2　馬伯翔

6-3　馬伯翔

6-4　賀曾樸

中英對照表

大型毫米波望遠鏡	Large Millimeter Telescope，LMT
大開掘	Big Dig
干涉陣列	interferometry array
天文物理期刊快報	Astrophysical Journal Letters
日本國家自然科學機構	National Institutes of Natural Sciences，NINS
毛納基亞	Mauna Kea
毛納羅瓦	Mauna Loa
世紀營地	Camp Century
加法夏望遠鏡	Canada-France-Hawaii Telescope，CHFT
史密松天文物理天文台	Smithsonian Astrophysical Observatory，SAO
永凍層	permofrost
伊朗姆 30 米	Institut de radioastronomie millimétrique (IRAM) 30m telescope
全球霸王	Globalmaster
冰蟲計畫	Project Iceworm
同溫層紅外線天文台	Stratospheric Observatory for Infrared Astronomy，SOFIA
因紐特人	Inuit
宇宙背景成像器	Cosmic Background Imager，CBI

次毫米波	submillimeter wave
次毫米波陣列	Submillimeter Array，SMA
次毫米波望遠鏡	Submillimeter Telescope，SMT
自適應光學	adaptive optics，AO
克拉福德獎	Crafoord Prize
吸積盤	accretion disk
希洛	Hilo
折疊跳座	jump seat
李遠哲宇宙背景輻射陣列	Yuan-Tseh Lee Array for Microwave Background Anisotropy，AMiBA
沃斯頓荷姆峽灣	Wolstenholme Fjord
事件視界	event horizon
事件視界望遠鏡	Event Horizon Telescope，EHT
亞利桑那大學	University of Arizona
東亞 VLBI 網絡	East Asia VLBI Network，EAVN
東亞天文台	East Asian Observatory，EAO
波耳學院	Niels Bohr Institute
阿布奎基	Albuquerque
阿佩克斯，全稱「阿塔卡瑪探路者實驗」	Atacama Pathfinder Experiment，APEX
《阿波羅 13 號》	Apollo 13
阿塔卡瑪沙漠	Atacama Desert
阿爾瑪陣列，全稱「阿塔卡瑪大型毫米波陣列」	Atacama Large Millimeter Array，ALMA
信風逆溫層	trade inversion

信標	beacon
南極研究委員會	Scientific Committee on Antarctic Research
南極望遠鏡	South Pole Telescope，SPT
哈佛－史密松天文物理中心	Harvard-Smithsonian Center for Astrophysics，CfA
威爾金森微波異向性探測器	Wilkinson Microwave Anisotropy Probe
昂星團望遠鏡	Subaru Telescope
查爾斯河	Charles River
研究意向表述	Expression of Interest
科學與技術設施委員會	Science and Technology Facilities Council
紅外線望遠鏡設施	Infrared Telescope Facility，IRTF
美國國家科學基金會	National Science Foundation，NSF
美國國家航空暨太空總署，簡稱「美國太空總署」	National Aeronautics and Space Administration，NASA
美國國家電波天文台	National Radio Astronomy Observatory，NRAO
美國陸軍工兵團	US Army Corps of Engineers
峰頂觀測站	Summit Station
格陵蘭望遠鏡	Greenland Telescope，GLT
特大陣列	Very Large Array，VLA
特長基線干涉技術	Very long baseline interferometry，VLBI
索科羅	Socorro
陣列	array

馬克斯普朗克電波天文研究所	Max Planck Institute for Radio Astrophysics
高端先進通訊與天文實驗室	Highly Advanced Laboratory for Communications and Astronomy，HALCA
國家新聞記者俱樂部	National Press Club
基拉韋亞	Kilauwe
基特峰望遠鏡	Kitt Peak Telescope，KPT
《接觸未來》	Contact
毫米波	millimeter wave
第三頻段	band 3
都卜勒效應	Doppler effect
麥斯威爾望遠鏡，全稱「詹姆士－克勒克－麥斯威爾望遠鏡」	James Clerk Maxwell Telescope，JCMT
凱克天文台	Keck Observatory
凱斯西儲大學	Case Western Reserve University
普朗克衛星	Planck Satellite
超長基線陣列	Very Long Baseline Array，VLBA
新南威爾斯大學	The University of New South Wales
極地計畫室	Office of Polar Programs
圖勒空軍基地	Thule Air Base
綠岸干涉陣列	Green Bank Interferometer
赫歇耳太空天文台	Herschel Space Observatory
噴流	jet
影響指數	impact factor

歐洲南方天文台	European Southern Observatory，ESO
澳洲國家天文台	Australia Telescope National Facility
諾艾瑪陣列	Northern Extended Millimeter Array，NOEMA
聯合天文中心	Joint Astronomy Center
邁射	microwave amplification by stimulated emission of radiation，MASER
韓國 VLBI 網絡	Korean VLBI Network，KVN
類星體	quasi-stellar object
觀測彩排	Dress Rehearsal

國家圖書館出版品預行編目 (CIP) 資料

黑洞捕手：台灣參與史上第一張黑洞照片的故事／
陳明堂著 . -- 第一版 . -- 臺北市：遠見天下文化，
2020.03
　　面；　公分 . -- (科學文化；192)
ISBN 978-986-479-960-2（平裝）
1. 宇宙 2. 天文學
323.9　　　　　　　　　　　　　109002887

科學文化 192

黑洞捕手

台灣參與史上第一張黑洞照片的故事

作者 —— 陳明堂
科學叢書顧問 —— 林和（總策劃）、牟中原、李國偉、周成功

總 編 輯 —— 吳佩穎
編輯顧問 —— 林榮崧
責任編輯 —— 吳育燐
美術編輯 —— 蕭志文
封面設計 —— bianco tsai

出版者 —— 遠見天下文化出版股份有限公司
創辦人 —— 高希均、王力行
遠見・天下文化 事業群董事長 —— 高希均
事業群發行人／CEO —— 王力行
天下文化社長 —— 林天來
天下文化總經理 —— 林芳燕
國際事務開發部兼版權中心總監 —— 潘欣
法律顧問 —— 理律法律事務所陳長文律師
著作權顧問 —— 魏啟翔律師
社址 —— 台北市 104 松江路 93 巷 1 號 2 樓
讀者服務專線 —— 02-2662-0012　　　傳真 —— 02-2662-0007；02-2662-0009
電子信箱 —— cwpc@cwgv.com.tw
直接郵撥帳號 —— 1326703-6 號　遠見天下文化出版股份有限公司

製版廠 —— 東豪印刷事業有限公司
印刷廠 —— 立龍藝術印刷股份有限公司
裝訂廠 —— 台興印刷裝訂股份有限公司
登記證 —— 局版台業字第 2517 號
總經銷 —— 大和書報圖書股份有限公司　　　電話 —— 02-8990-2588
出版日期 —— 2020 年 03 月 31 日第一版
　　　　　　2022 年 11 月 03 日第一版第 4 次印行

定價 —— NT450 元
書號 —— BCS192
ISBN —— 978-986-479-960-2
天下文化官網 —— bookzone.cwgv.com.tw

本書如有缺頁、破損、裝訂錯誤，請寄回本公司調換。
本書僅代表作者言論，不代表本社立場。

天下‧文化
BELIEVE IN READING